JAXA

太空游学记

给孩子的宇宙探索体验课

[日] JAXA宇宙教育中心 主编
[日] NHK出版公司 编
宋浩冉 译

人民邮电出版社
北京

图书在版编目（CIP）数据

太空游学记 ：给孩子的宇宙探索体验课 / 日本JAXA宇宙教育中心主编 ；日本NHK出版公司编 ；宋浩冉译. -- 北京 ：人民邮电出版社，2023.4
ISBN 978-7-115-59610-9

Ⅰ. ①太… Ⅱ. ①日… ②日… ③宋… Ⅲ. ①宇宙—青少年读物 Ⅳ. ①P159-49

中国版本图书馆CIP数据核字(2022)第116288号

版权声明

内 容 提 要

小空和小光的假期游学是去太空参观旅行啊！宇宙中心的科学家们带同学们来到了“宇宙学院”进行为期一周的游学课程，以了解宇宙以及太空旅行的相关知识。课程按照同学们日常学习的基础学科设置。原来“宇宙”与我们并不遥远，我们用平时学习的基础知识就能了解很多宇宙的奥秘呢！

“宇宙学院”从周一到周五有数学、物理、地理、生物、历史等学科课程共 33 节课；另开设了与现今宇宙科学发展现状息息相关的综合实践课，同学们能参与到宇宙探索实践中；除此之外，还邀请了宇宙科学家和航天员们为同学们带来以“成为航天员”为系列主题的 6 堂特别讲座，激励同学们从小树立科学理想。最后，附赠一本“超有趣！宇宙研究秘密手册”，有 9 项简单易操作的宇宙科学小实验等待同学们去解锁。现在就让我们跟随“宇宙学院”的课程表一起开启学习之旅吧。

这一套好学又好玩的“给孩子的宇宙探索体验课”，搭建了基础学科与宇宙科学的链接桥梁，非常适合青少年阅读学习。

◆ 主　　编　[日] JAXA 宇宙教育中心
　编　　　　[日] NHK 出版公司
　译　　　　宋浩冉
　责任编辑　陈　晨
　责任印制　周昇亮

◆ 人民邮电出版社出版发行　　北京市丰台区成寿寺路 11 号
　邮编　100164　　电子邮件　315@ptpress.com.cn
　网址　https://www.ptpress.com.cn
　雅迪云印（天津）科技有限公司印刷

◆ 开本：880×1230　1/32
　印张：4.5　　　　2023 年 4 月第 1 版
　字数：197 千字　　2023 年 4 月天津第 1 次印刷

著作权合同登记号　图字：01-2021-3291 号

定价：59.80 元（附小册子）

读者服务热线：(010)81055296　印装质量热线：(010)81055316
反盗版热线：(010)81055315
广告经营许可证：京东市监广登字 20170147 号

人物介绍

小光

好奇心旺盛的女生，最近得到的礼物是天文望远镜，十分期待这次的太空游学！

小空

和小光在同一所学校上学的男生，两人是从小玩到大的玩伴。性格温柔，喜欢各种生物。想和哈鲁一起去太空。

哈鲁

小空的宠物，是一只非常聪明的机器狗。

JAXA 航天员

宇宙学院的引导员，作为去过太空的航天员，会给我们很多有用的建议哦！

『宇宙学院』开课啦！

大家对于宇宙都有怎样的印象呢？

『宇宙』这个概念通常出现在图书、新闻或电影里，与日常生活的关系大家也许还体会不深。

其实，『宇宙』离我们并不遥远。身边发生的一些小事，甚至日常的生活，可能都和『宇宙』有关。这些内容，本书都会向大家介绍。

本书的主人公小空和小光被告知要去太空参观游学！我们将和他们一起探索宇宙的奥秘。

『怎样才能到达太空呢？』

『去太空时应该带些什么呢？』

『在太空中生病了该怎么办？』……

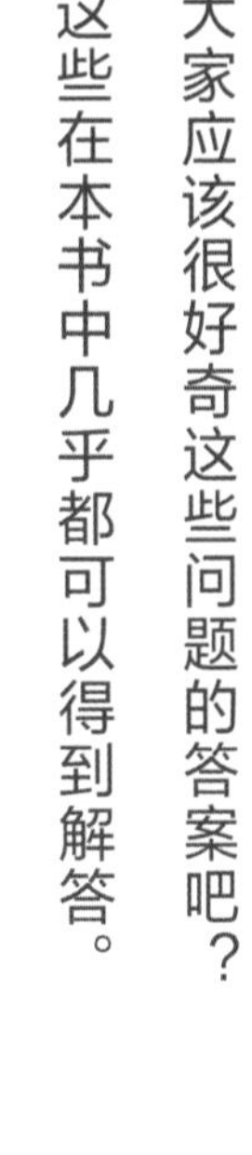

大家应该很好奇这些问题的答案吧？

这些在本书中几乎都可以得到解答。

实际上，即使对于每日研究宇宙的人来说，宇宙中依然充满了谜团。

但正因如此，研究才更加具有趣味和意义。

如此有魅力的宇宙，相信大家都已经等不及要去了解了吧。

那么接下来，就让我们一起来进行为期一周的宇宙知识学习吧！

JAXA是什么？

JAXA 是对于宇宙航空科学和技术进行开发研究与利用，并用技术支持国家政策的机构。其全称为“日本宇宙航空研究开发机构”，英文缩写为“JAXA”。

其主要研究内容有人造卫星和火箭开发、通过人力与机器人进行的宇宙实验和行星探索、下一代的航天技术研究等。

该机构与大学、企业和国际机构均有合作，以“活用宇宙和太空的知识，打造安全而又丰富多彩的社会”为目标进行活动。

注 1：JAXA 宇宙教育中心和法人 NPO 儿童宇宙未来工会（KU-MA）是共同进行宇宙教育的合作伙伴。本书与 KU-MA 开展的“宇宙科普”相关活动图书出版等是不同的项目。

注 2：本书的资料收集截至 2020 年 6 月末。

编者注：宇宙，是广袤空间和其中存在的各种天体以及弥漫物质的总称。太空，是指地球大气层以外的宇宙空间。本书中会就具体语意，将两者区别使用。

20××年，这是一个关于离我们很近的未来的故事。
小光
咦？小光，你看起来很困啊。
小空
昨晚观测流星，一不小心就入迷了，忘了睡觉的时间。
汪
○年级☆班
同学们！
今年的假期我们计划去太空参观、游学！
太空
哇！
真的吗？！
太好啦！

要带些什么特产回来好呢？
特产
太空里会不会很冷？
想在太空中玩丢枕头游戏！
如果遇到外星人该怎么办？
大家听到“宇宙”或“太空”，脑海中第一时间浮现的是怎样的景象呢？
来自 JAXA 的
航天员叔叔
大家安静
特别特别广阔？
嗯……
很远、很暗、很冷的地方！
地球也在宇宙中，对不对？
荒无人烟！

一切
咔咔咔
就是这样。
那么宇宙究竟是什么呢？
138亿年前，随着宇宙的诞生，能够演变成一切的小小粒子也产生了。
所以，我们身边发生的一切，都和“不可思议的宇宙”有着密不可分的关系哦！
地球也在“宇宙”之中，地球之外的“宇宙”就是“太空”。
不管是太阳还是地球，
就连我们，也是由这些粒子变化而来的。

地球上的昼夜交替现象和宇宙相关
下雨天以及可以晒干衣服的晴天和宇宙相关
？？
生物能够生存也和宇宙相关
昼
夜
我都没有往这些方面想过呢。
宇宙学院我们来啦！！
耶
真棒！！
汪
欢迎来到宇宙学院！让我们一起在假期游学中体验宇宙的不可思议吧！
ワン
哇！这就是航天服吗？

宇宙学院课程表

星期三 在太空中能做些什么?

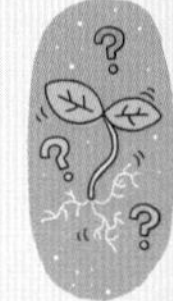

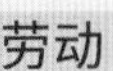

星期四 享受太空中的生活！

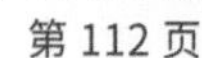

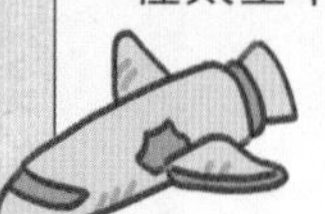

课间休息

附赠单册

超有趣！
宇宙研究秘密手册

插画师 池内百合、高村步、森林鲸

图片提供方 JAXA

润色 入泽宜幸

校正 斋藤希美

设计 高岛光子、白石友祐、
山本史子（DAI-ART PLANNING）
松本日菜子、土屋真理子、

协助编辑 松下郁美、高桥优纪（3season 股份有限公司）、藤田贡崇（法政大学）

星期五 宇宙中还有很多秘密！

瞬间读懂！

地球和太空的区别

对比一下我们居住的地球和太空吧，其中隐藏着能够帮助我们了解宇宙的关键信息哦。

在地球上，有“上”和“下”的方向之分！

我们能够在地面上站立，是因为有引力存在。

宇宙飞船在地球周围飞行依靠的离心力和地球的引力互相调和，就产生了失重现象。

在太空中，没有“上”，也没有“下”！

在地球上，白天之所以明亮，是因为太阳发出的光与空气中的粒子和灰尘碰撞，向着四周散射。

天空真明亮！

在太空中，即使太阳再亮，由于没有空气的散射和反射，也依然是漆黑一片。

在地球上，因为热空气比冷空气轻，暖炉产生的热空气上升、冷空气下沉，空气产生了流动，空间整体都会变暖。所以即使不直接接触热源，我们也会逐渐感到暖和。
在太空中，没有空气，所以只有光能直接覆盖的地方才是暖和的。

在地球

人口约有

7800000000

空气和水让地球形成了适宜的环境，这是人类和很多其他生物赖以生存的条件。

在太空

有多少人呢？
理论上同一时间
最多有6个人……

宇宙中存在生物的星球，目前已知的只有地球。
而地球生物进入太空的就是人类。国际空间站（ISS）规定同一时间，最多是6个人。

宇宙学院

星期一

MONDAY

『宇宙』是一个怎样的地方？

科学

太空很远吗？

太空离我们很近！

太空其实就在地球的上空，那么大家觉得从哪里开始才可以被称作太空呢？地球和太空其实没有明确的分界线。与跳伞等空中运动相关的国际机构认定，距地表超过100千米的高空为太空。距地表5千米~6千米的空中，空气的浓度就已经低于地表的1/2，不适宜人类生存了。而距地表超过100千米的高空，就已经几乎没有空气了。

“伊吹 2 号”

613 千米

“伊吹 2 号”是为观测温室效应气体而发射的人造卫星，在 613 千米的高度绕地球旋转。

极光

100 千米~500 千米

极光是太阳释放的带电粒子与大气层中的原子碰撞所形成的发光现象，一般出现于 100 千米 ~500 千米的高空。

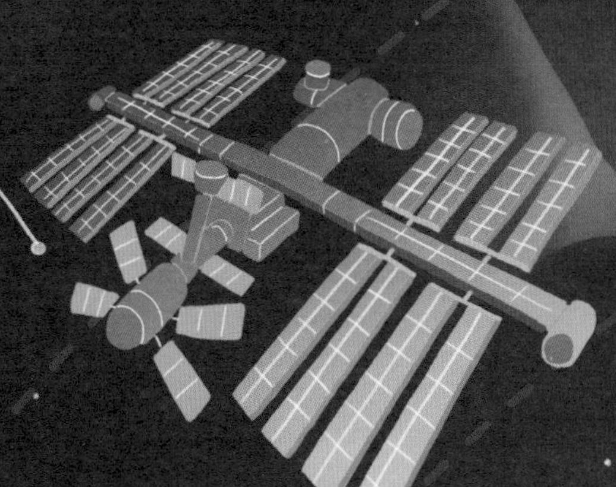

国际空间站（ISS）

400 千米

国际空间站（ISS）是美国、俄罗斯等 16 个国家共同运营的驻人空间平台，以 400 千米的轨道高度绕地球旋转。

开车从东京到国际空间站（ISS）比从东京到大阪需要更长时间。

400 千米

300 千米

臭氧层

臭氧可以吸收来自太阳的紫外线，保护地表生物。臭氧多存在于 10 千米~50 千米的高空中，因此这一部分被称作臭氧层。

100 千米

步行至太空（大气层外）需要多久？

如果以直线路径到达太空，需要行进 100 千米，坐车的话需要 2 小时，步行则需要大约 25 小时。有没有觉得太空其实离我们很近？

200 千米

综合

地球在宇宙中的位置？

银河中的地球

我们居住的地球究竟位于宇宙的哪里呢？

地球是以太阳为中心的天体系统太阳系中的一员，而太阳系又是被称为『天河』的银河系中的一员。银河系中约有 2000 亿个像太阳这样的恒星 *1。

根据天空中其他天体的位置，就可以知道地球的位置了。

恒星系

由恒星和围绕它运转的行星构成的天体系统。

太阳系

太阳系的直径约为 300 亿千米，其中包括地球在内的 8 颗行星和无数更小的天体都围绕着太阳运转。

行星

围绕着恒星公转的天体。

地球

离太阳第三近的行星，在距离太阳 1 亿 5000 万千米的轨道中公转 *2。

超星系团

由星系群和星系团组成的天体系统。

室女座超星系团

本星系团位于由约 100 个星系群和星系团组成的室女座超星系团中。

星系群与星系团

星系是在相互的重力影响下组成的天体系统。小型星系群落组成星系群，大型星系群落组成星系团。

本星系团

银河系位于由约 50 个星系组成的本星系团（直径约为 600 万光年）中。

星系

由无数天体、宇宙尘埃、气体组成的天体系统。

银河系

银河系的直径约为 10 万光年 [*3]。

太阳系在银河系的外围。夜空中可见的天河就是银河系。

类似于银河系的天体集团叫作星系。银河系位于室女座超星系团的本星系团中。也就是说，地球位于室女座超星系团的本星系团的银河系的太阳系中。

[*1] 恒星：类似于太阳的，自身可以发光发热的天体。 [*2] 公转：一个天体围绕另一个天体所做的周期性运动。

[*3] 光年：长度单位，光在真空中沿直线行进一年的距离。

地球是如何诞生的？

地球的诞生是一个『奇迹』

随机事件发生的可能性叫作『概率』。投掷一枚硬币，因为硬币有正反两面，所以正面朝上的概率是1/2。投掷一个骰子，因为骰子有6个面，所以投出1的概率是1/6。

然而，想要产生地球这样拥有高度文明的星球，概率是多少呢？根据美国天文学家法兰克·德雷克的计算，可能与人类接触的银河系内高智文明的数量约为100个。用概率来表示的话，约为1/10兆（1兆=100万）。

这是多么小的概率啊，地球真是一颗『奇迹之星』。

宇宙从“虚无”开始。

连时间概念都没有。宇宙突然诞生了。

大爆炸

在“虚无”的状态下，宇宙经历了被叫作“大爆炸”的膨胀过程。

此时的宇宙变成了一个大火球，由大爆炸开始，持续膨胀着。

用数字来表现宇宙吧！

• 银河系中像太阳系一样的天体系统约有

2000 亿个。

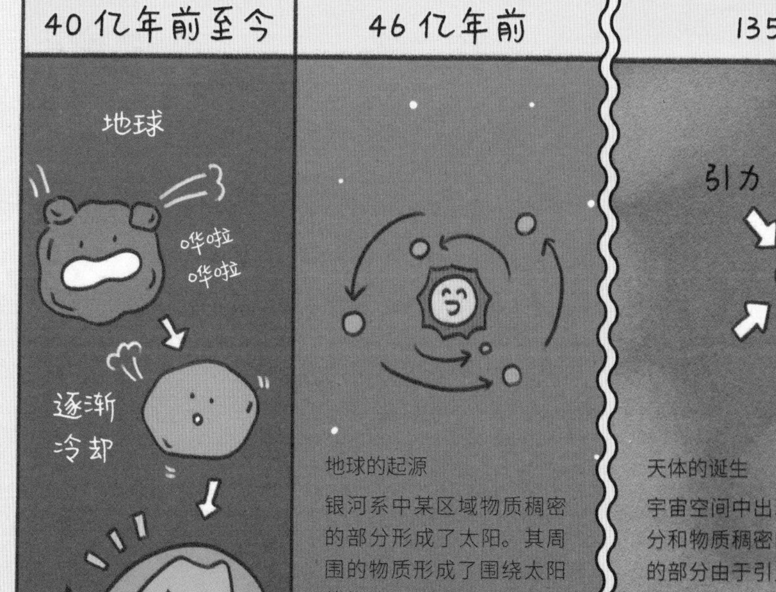

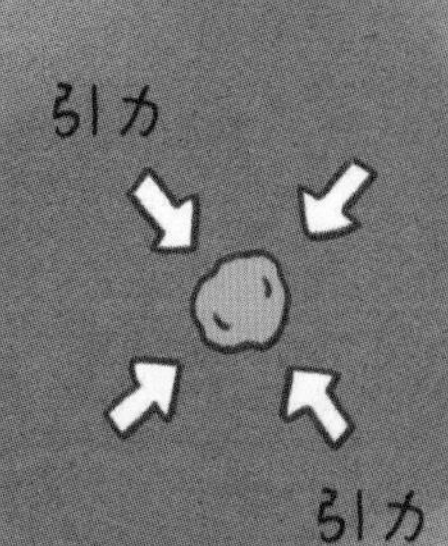

地球的起源

银河系中某区域物质稠密的部分形成了太阳。其周围的物质形成了围绕太阳的行星与小行星。

天体的诞生

宇宙空间中出现了物质稀薄的部分和物质稠密的部分。物质稠密的部分由于引力的相互作用，形成了恒星。

答案 1×10^{15} 个（1000 万亿个）

太阳和地球是怎样的关系？

不可或缺的太阳

太阳是我们所居住的太阳系的中心，距离我们约 1 亿 5000 万千米，向地球传递着光和热。

填空题

太阳小问答

在格子中填入答案吧。

❶ 太阳给地球传递了□和□。

太阳是氢的集合体。
太阳用核聚变的方式把氢转换成氦，在此过程中产生的能量变成了光和热，传递给地球。
（→第 61 页）

② 因为有太阳，所以地球才□□。

包裹着地球的大气层吸收了来自太阳的热能，使地球拥有了适宜生物生存的温度。

③ 因为有太阳，□□才能够生长。

植物通过吸收太阳的光能进行光合作用，把二氧化碳和水转换成营养和氧气，借此生存和成长。

④ 太阳的热度导致了□□。

空气中有许多看不见的水分子。太阳的热能使它们上升形成云，从而产生降雨。

⑤ 对于以前的人来说，太阳是□□。

自古以来，人们就把太阳看作神。埃及神话中的拉、古希腊神话中的赫利俄斯都是太阳化身而来的神明。

一起来思考

如果太阳消失，地球和我们的生活将会产生怎样的变化？

答案 ①光、热 ②温暖 ③植物 ④降雨 ⑤神化

古人眼中的宇宙是怎样的？

各种各样的宇宙观

在没有日历和时钟的年代，人们观测太阳、月亮、星星，根据它们的移动来测算时间，并以此想象宇宙的结构。

各个地区间的文化融合，产生了各种各样的宇宙观。在欧洲，很多人认为地球是宇宙的中心，其他的天体围绕着地球旋转，产生了『地心说』。

古罗马人眼中的宇宙

天文学家托勒密完成了地心说。该学说宣称地球是宇宙的中心，太阳和行星围绕地球旋转，星星是天空中开的小孔，能让天空之外的光透射进来。地心说在民间被信奉了约 1500 年。

古巴比伦尼亚人眼中的宇宙

世界分为天上、地上、地下 3 个部分。地上部分的最外侧是支撑天上的山，星星贴在天上，太阳和月亮在天上的轨道中穿行，产生了昼夜。

约400年前，人们根据望远镜的观测结果，提出了地球是围绕太阳旋转的『日心说』。该学说过了很多年才逐渐被人们接受。

而『宇宙』一词源自古代中国。中国古人认为『宇』代表空间，『宙』代表时间，空间和时间相结合，就产生了『宇宙』的说法。

科学地解释日心说的是波兰天文学家哥白尼。

这是天文学史上最大的发现之一！

天盖之神覆盖在空中，大气之神支撑着她，尼罗河只是天上围绕着的大河的支流，太阳神和月亮神都从大河中来。

在印度神话中，大象、乌龟、蛇支撑着地球，在这之上耸立着宇宙的中心——“须弥山”。

鱼也能前往太空吗？

目前，除斑马鱼外，青鳉鱼也曾去过太空。国际空间站（ISS）的实验舱“希望号”中设置了可以饲养生物的装置，相关人员借此进行了一系列的研究。

搭乘哥伦比亚号的航天员向井千秋

©JAXA/NASA

◀实验装置内的青鳉鱼

©JAXA/NASA

第一次去太空旅行的青鳉鱼

1994年，4条青鳉鱼和航天员向井千秋一起在太空中度过了15天，这是哥伦比亚号的实验之一。青鳉鱼在宇宙中平安产卵，鱼卵正常孵化出了鱼苗。这些鱼苗作为“太空青鳉鱼”，带回地球饲养。

回到地球上的青鳉鱼最开始总是沉在水槽底部，因为在几乎没有重力的太空中生活，几乎使它们忘记了漂浮的方法。

©JAXA/NASA

“希望号”中设置了水生生物实验装置！

“希望号”中有对水生生物进行研究的装置。人们使用过青鳉鱼和斑马鱼进行实验，研究生物在太空中是怎样成长、行动的，它们的基因又将怎样变化。

教室里养的青鳉鱼也能去太空啦！

宇宙学院

星期二

TUESDAY

去宇宙的哪里？怎么去？

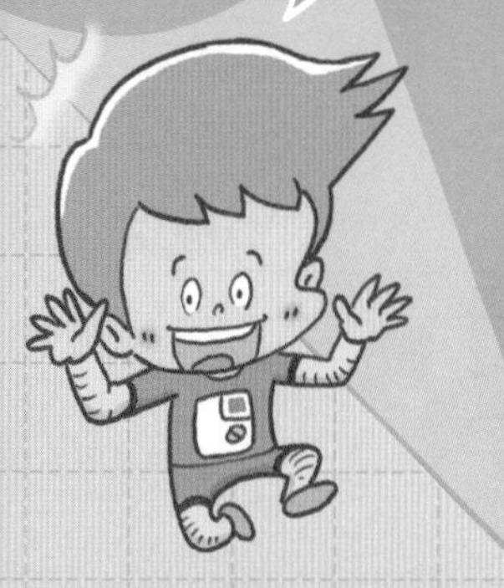

接下来可以学习到行星和火箭的知识哦！

数学

行星的距离

以光速为基础的距离

宇宙超乎想象的大。比如，太阳系的行星中，距离太阳最远的海王星，离太阳约45亿千米，这个数字太大了。所以，为了更方便地表示宇宙中的距离，我们不使用『千米』，而换作『光年』、『光分』和『光秒』这种以光速为基础的单位来表示。

注：下图皆以地球和行星间最短的距离计算。

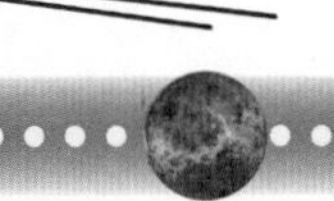

1光年是多少千米？

光以每秒约30万千米的速度前进，1分钟就走过约1800万千米。光1秒前进的距离叫作“1光秒”，光1分钟前进的距离叫作“1光分”。

约30万千米=1光秒

光 1分 约30万千米/秒×60秒=约1800万千米=1光分

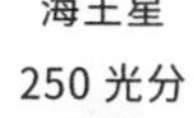

问问JAXA

宇宙尽头离我们到底有多远？

宇宙尽头离我们到底有多远，没有人知道。

从宇宙尽头发出的光还没有传到地球，宇宙就已经扩张得更大了。

我们无法捕捉到来自宇宙尽头的光。

地球和月球相距多远呢？

地球到月球的距离约为 384400 千米，试着计算一下从地球以光速前进要多久才能到达月球吧！

坐火箭 ……………… 约 6 小时
坐飞机 ……………… 约 16 天
坐火车 ……………… 约 53 天
坐汽车 ……………… 约 6 个月
骑自行车 …………… 约 3 年
步行 ………………… 约 11 年

384400 千米（地球到月球的距离）
÷30 万千米 / 秒（光的速度）
≈ 1.3 秒

地球到月球的距离约为 1.3 光秒。地球的光在大约 1.3 秒后就可以到达月球啦！

行星的照片 ©NASA

行星的特征

太阳系中的行星

在太阳系中，有8颗围绕太阳旋转的行星。它们大小不相同，也有着不同的特征。来看看每颗行星的特别之处吧！

一起来思考

像寻找行星的特征一样，我们也来找找家人和朋友的特点吧！

地球

蓝色的水之星球

唯一拥有液态水的星球！

我们认为太阳系中，有生物生存的星球只有地球。生物的生存需要液态水，而其他星球有的离太阳太近，水都蒸发了；有的离太阳太远，水结冰了。地球和太阳的距离合适，水才能够以液体的状态存在。

大小（赤道半径）	6378 千米
质量	约 5.974×10^{24} 千克
到太阳的距离	1 亿 4960 万千米
公转周期	365.257 天
自转周期	0.9973 天
卫星数	1

● 参见附录 2、3

水星

明明是离太阳最近的星球，却存在冰！

昼夜温差约 600 摄氏度

水星离太阳最近，几乎没有大气，白天的地表温度有 400 摄氏度以上。因为自转周期很长，其背朝太阳的那面地表温度在零下 160 摄氏度以下，有相当大的昼夜温差。

大小（赤道半径）	2440 千米
质量（相对地球）	0.05527 倍
到太阳的距离	5791 万千米
公转周期	87.969 天
自转周期	58.65 天
卫星数	0

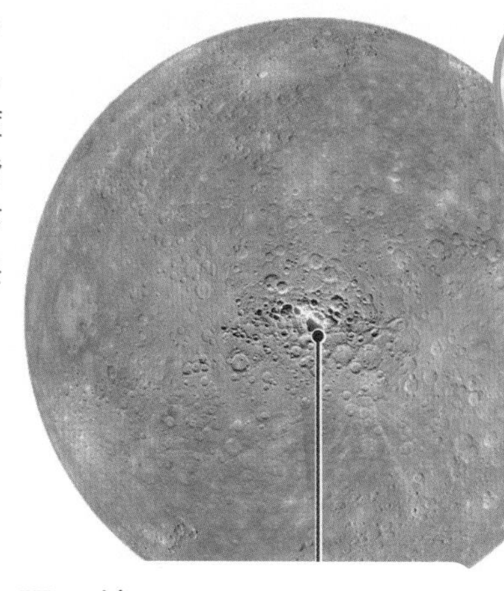

陨石坑

水星的表面和月球一样有很多陨石坑。最大的一个陨石坑叫作“卡洛里斯盆地”，大小约为水星直径的 1/4。

金星

在地球的附近运行，和地球很相似的星球

被厚厚的云层覆盖的行星

金星被认为与地球的形态相似。其常年被大气覆盖，其中大部分是二氧化碳。因为二氧化碳的温室效应，金星的地表温度极高，即使降雨也会迅速蒸发。

大小（赤道半径）	6052 千米
质量（相对地球）	0.815 倍
到太阳的距离	1 亿 820 万千米
公转周期	224.7 天
自转周期	243.02 天
卫星数	0

行星的照片 @NASA（美国宇航局）

木星

体积是地球的约 1300 倍！质量是地球的约 300 倍！

大小（赤道半径）	71492 千米
质量（相对地球）	317.83 倍
到太阳的距离	7 亿 7830 万千米
公转周期	11.8622 年
自转周期	0.414 天
卫星数	79

或许曾是第二个太阳？！

木星的大气中 90% 为氢，其余基本都是氦，和太阳极其相似，都是由气体组成的星球。如果木星再大一些的话，或许就能成为第二个太阳。

大红斑

木星上有约地球 3 倍大小的红色斑点。木星的表面如果刮起飓风，在地球上也能观测到。

火星

这颗红色星球，以前也曾像地球一样？！

极冠

与地球上的南极、北极被冰覆盖的区域相似。

大小（赤道半径）	3396 千米
质量（相对地球）	0.1074 倍
到太阳的距离	2 亿 2794 万千米
公转周期	1.88089 年
自转周期	1.026 天
卫星数	2

火星曾有生物？！

很久以前，火星可能也与地球一样拥有水和大气层，或许火星上存在过生物。但现在的火星大气层稀薄，冰和水几乎从地表消失，储存在极冠和地下。

行星的照片 ©NASA

土星 最明显的特征是超大的环

明明很大，却“轻得能浮于水面”！

土星是太阳系中第二大的行星，体积约为地球的 755 倍，但是质量却只有地球的约 95 倍，相对于体积来说简直太“轻”了。究其原因，是因为土星是主要由氢组成的气体星球。

土星环

土星周围的环，主要由直径几毫米至几米大小的冰块组成。

大小（赤道半径）	60268 千米
质量（相对地球）	95.16 倍
到太阳的距离	14 亿 2939 万千米
公转周期	29.4578 年
自转周期	0.444 天
卫星数	85（*82）

* 其中 3 个有可能是同一颗卫星，或者并不是天体。

天王星 自转轴是倾斜的？！

巨大的冰之星球

天王星是地表温度为零下 200 摄氏度的极寒之地。由于自转轴几乎呈 90 度倾斜，所以和地球不同，天王星没有由自转形成的昼夜。

大小（赤道半径）	25559 千米
质量（相对地球）	14.54 倍
到太阳的距离	28 亿 7503 万千米
公转周期	84.0223 年
自转周期	0.718 天
卫星数	27

海王星 距离太阳最远的行星

蓝色的行星

海王星从表面上看起来和地球相似，都是强烈的钴蓝色，但那并不是大海。有学说认为，由于甲烷吸收了红色的光，所以海王星看起来是蓝色的。

大小（赤道半径）	24764 千米
质量（相对地球）	17.15 倍
到太阳的距离	45 亿 445 万千米
公转周期	164.774 年
自转周期	0.671 天
卫星数	14

太阳

给予地球光和热的星球

发光发热的气体星球

在太阳中心产生的能量，经过 100 万年以上才能来到太阳的表面。从太阳表面放射出的能量向宇宙中散发，约 8 分 20 秒后到达地球。我们能够在地球上生存，多亏了从太阳传来的光和热。

大小（赤道半径）	69 万 6000 千米
质量（相对地球）	33 万倍

日珥

像一个大火圈的氢气云。有的日珥有 10 个地球那么大，存在时长能达数月。

太阳耀斑

在太阳表面发生的爆发现象。在大规模的爆发中，太阳的外侧会放出电子和质子。它们到达地球后，形成了我们能够在大气层中看到的极光。

©NASA

* 电子与质子：构成宇宙中众多物质的核子。

月球

重力是地球的 1/6

大小（赤道半径）	1738 千米
质量（相对地球）	0.0123 倍
到地球的距离	38 万 4400 千米
公转周期(相对地球)	27.322 天
自转周期(相对地球)	27.322 天

©NASA

离地球最近的星球

月球上没有水和大气，是一颗由岩石组成的星球。因为没有大气，所以在月球上声音无法传播。月球上的重力只有地球的 1/6，所以如果在月球上称体重的话，结果也只有地球的 1/6。

观测奇特的星球！

在广阔无垠的宇宙中，存在着许多非常不可思议的星球。

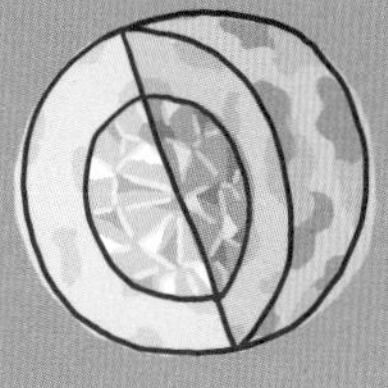

由“钻石”组成的星球

名称为巨蟹座 55e 的星球由钻石和石墨包裹着。

喷射酒的星球

洛夫乔伊彗星【C/2014 Q2(Lovejoy)】被发现于 2014 年，每秒约能喷射出相当于 500 瓶红酒含有的酒精。

宇宙中“最黑”的星球

TrES-2b 是目前发现的宇宙中最黑的一颗星球。原因或许是其几乎没有云层，无法反射恒星传来的光；大气吸收了光；等等。

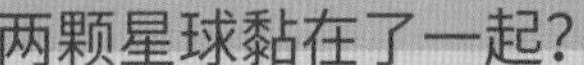

两颗星球黏在了一起？

根据小行星探测器“隼鸟号”的探查，发现系川小行星是由两颗天体结合形成的。

自转速度为 600 千米 / 秒的星球

VFTS102 是至今为止发现的自转速度最快的星球。由于高速旋转，该星球变成了椭圆形。

一起来思考 宇宙中都有怎样的星球呢？

宇宙中还有许多我们未曾发现的星球，其中应该会有一些令人意想不到的星球吧？
你觉得怎样的星球比较有趣呢？能食用的星球？拥有透明生命体的星球？自由地发散你的思维吧！

真的有不存在的星星吗？

光传递的时间

大多数星球都离地球很远，所以它们发出的光传递到地球上要花很长时间。除了太阳以外距离地球最近的恒星『半人马座阿尔法星』的光如果想要传递到地球，需要约4.3年。我们平时肉眼能够看到的星星中，也许有一些实际上已经消失了。

伊卡洛斯

约 90 亿年前的样子

太阳

约 8 分 20 秒前的样子

哈勃空间望远镜

在太空中飘浮的空间望远镜，全长 13.1 米、重 11 吨。通过它，我们发现了很多在地面上观测不到的天体。

地球

星座是由遥远的恒星组成的区域

同一星座中的星球看起来好像是排列在天空这张幕布上的，但实际上它们与我们之间的距离各不相同，且都很遥远。

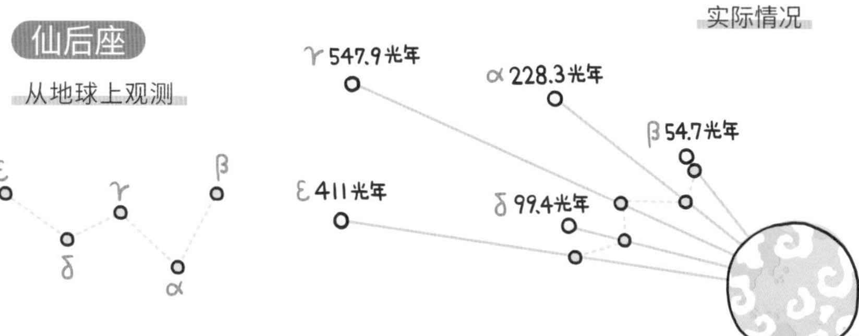

问问JAXA

为什么星星有明有暗呢？

我们看到的星星的亮度由其本身拥有的热核反应燃料的量，和与地球间的距离决定。

热核反应燃料越多、距离地球越近，其看起来就越亮。

玉夫座星系群

约 1270 万年前的样子

现在从地球上看到的来自玉夫座星系群的光，其实是它在人类诞生前发出的光！

从地球上能看到的除太阳以外最近的恒星

半人马座阿尔法星

约 4.3 年前的样子

月球

约 1.3 秒前的样子

怎样前往其他星球呢？

没有空气阻力的宇宙空间

火箭是用于承载人造卫星、探测器，送航天员们去往太空的工具。

火箭前往太空时，为了摆脱地心引力和空气阻力，需要消耗大量的燃料，以很高的速度发射。

到达没有空气阻力的太空中后，只需要很小的力就可以推动火箭前进，不需要消耗太多燃料。

因此，只搭载了少量燃料的探测器仍可以前往遥远的星球。

飞机的速度约为 0.26 千米 / 秒 (936 千米 / 时) 。
从东京到大阪约 32 分钟。

新干线的速度约为 0.08 千米 / 秒 (288 千米 / 时)。
从东京到大阪约 104 分钟。

注：直线行进的情况下。

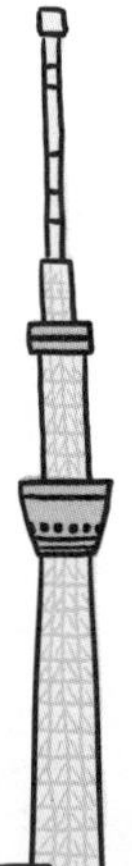

东京

火箭是怎样飞行的呢？

撒开吹满气的气球，气球就会飞出去。此时，推动气球前进的是空气排出时产生的逆向推力。火箭也是相同的原理，通过排出燃料燃烧时产生的高温高压气体，借助其反作用力飞行。

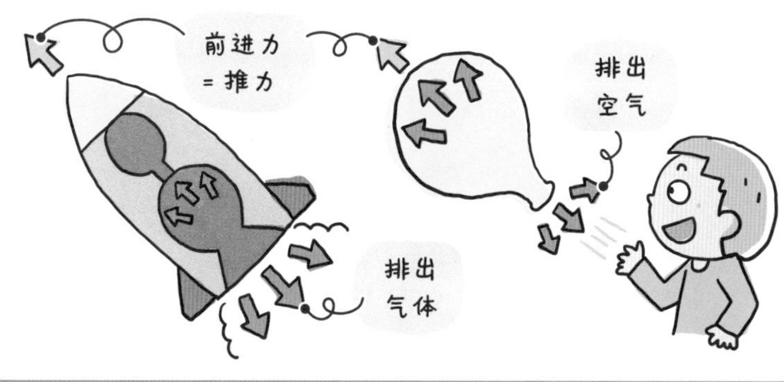

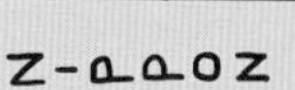

火箭的速度约为 16.7 千米 / 秒(60120 千米 / 时)。
从东京到大阪约 30 秒！

一起来思考

光、声音、羽毛球的扣球……
寻找身边速度很快的东西吧！

问问 JAXA

火箭的速度是恒定的吗？

根据不同的目的，火箭的速度也不一样。例如为了设置在地球低轨道运行的人造卫星，火箭摆脱地心引力和空气阻力时的速度在 7.9 千米 / 秒以上；向月球或其他星球进发时，则需要速度在 11.2 千米 / 秒以上。

来了解火箭的构造吧

火箭要想起飞，需要大量的能量。为了产生起飞所需的能量，火箭中必须要储藏燃料，而燃料的重量会让火箭的飞行速度变慢。为了解决这个问题，就出现了『多级火箭』。

火箭的飞行原理

火箭中除了要有燃料，还需要储备燃烧燃料所必需的氧（或其他氧化剂）。燃料和氧化剂结合后的产物叫作推进剂。火箭总重量中约有 90% 的重量都是推进剂。

火箭
用储存的氧使燃料燃烧

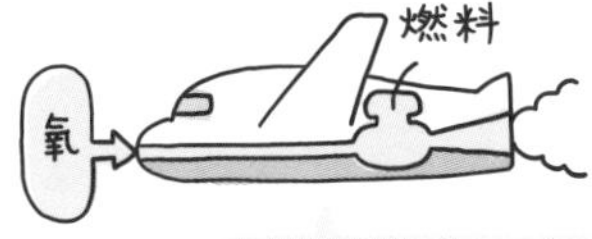

飞机
用空气中的氧使燃料燃烧

第一段火箭

装载一段火箭的燃料和氧化剂。

固体火箭助推器

装载燃料和氧化剂的混合物质，使火箭可以升入高空。

H3 火箭

全长	63.0米
直径	5.2米
重量	约 574吨

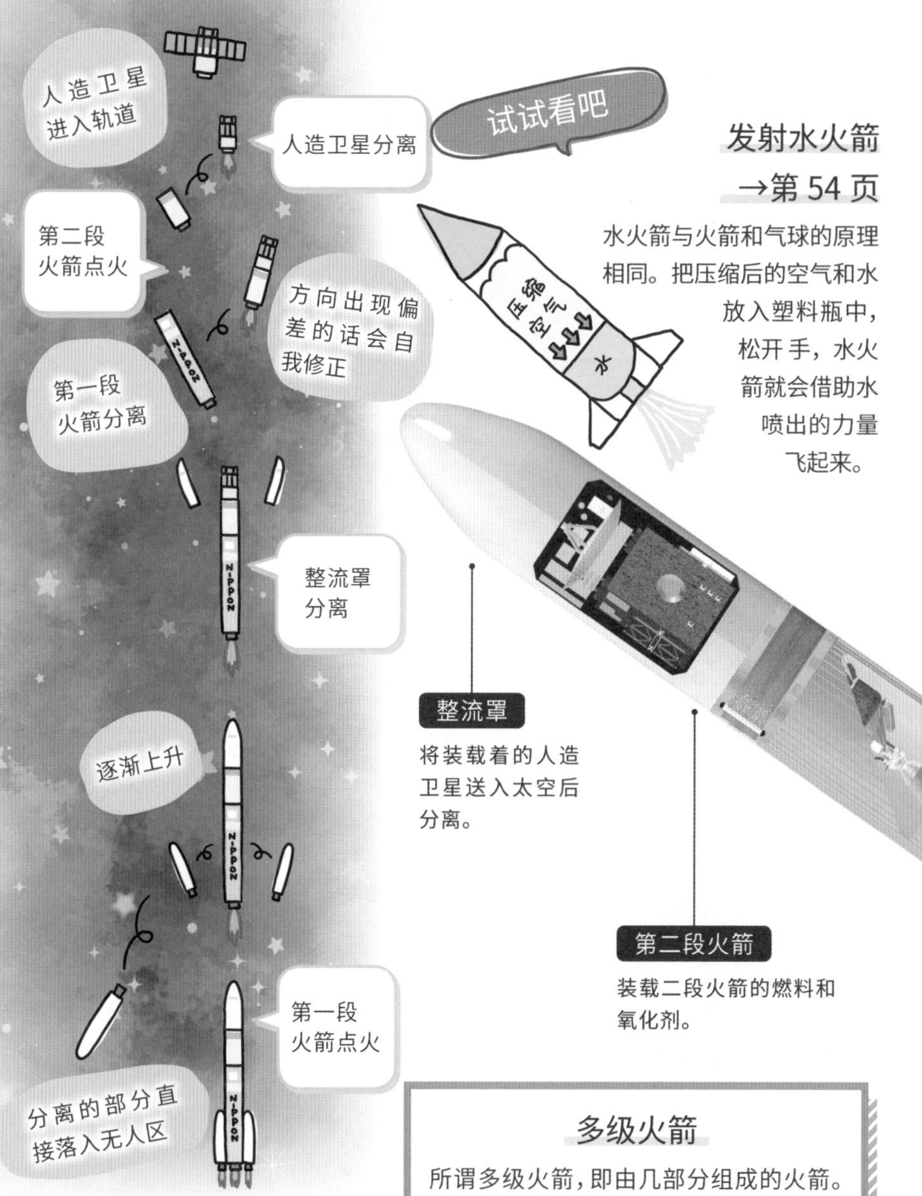

试试看吧

发射水火箭

→第 54 页

水火箭与火箭和气球的原理相同。把压缩后的空气和水放入塑料瓶中，松开手，水火箭就会借助水喷出的力量飞起来。

多级火箭

所谓多级火箭，即由几部分组成的火箭。例如二段式火箭，首先第一段火箭开始燃烧，当第一段火箭中的推进剂燃烧完后，在空中将其分离，减轻负担，此时再点燃第二段火箭中的燃料。
这样火箭就可以获得更快的飞行速度。

火箭从发射到进入轨道

多级火箭会通过分离燃料烧空的部分来减轻负担。整个分离过程大约需要 15~50 分钟。

劳动

去往太空时应该带些什么呢？

能够带去太空的物品

能够携带的行李的大小和重量有限，参考航天员们的行李清单来制定自己的行李列表吧。

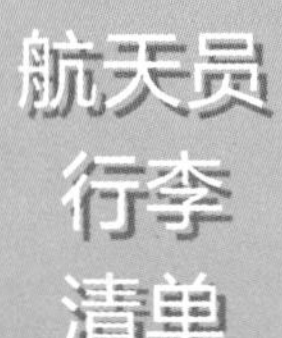

必须要携带的物品

食物、国际空间站（ISS）实验器材、摄像机、文具、浴液等日常用品是必须要携带的。这些 NASA 和 JAXA 已经帮大家准备好了，所以不用自己置办。

个人物品

在规定的范围内，可以携带一些个人物品，但是要注意有些东西是不能带的。

- ☐ 家人的照片

大家都喜欢带！很多人喜欢将其贴在自己房间的墙壁上。

- ☐ 喜欢的音乐

可以把喜欢的音乐保存在 MP3 里随身携带哦。

- ☐ 药品

虽然国际空间站（ISS）会准备一些常见药品，但是如果有平时在吃的药，还是得随身带上哦。

不能带的东西 玻璃制品、钱、邮票等

问问 JAXA

国际空间站（ISS）的重要道具是？

在没有重力的太空中，不把要使用的物品固定的话它就会不知道飘到哪里去。有一个实用小道具——尼龙搭扣，用它把各种物品粘在身上即可。

工作中的航天员，裤子上贴着尼龙搭扣。

©JAXA/NASA

一起来思考

你会带什么呢？

把你想要携带的物品、想做的事情做一个列表吧。

☐ 想要携带的物品 / 想做的事

☐ 想要携带的物品 / 想做的事

☐ 想要携带的物品 / 想做的事

航天员油井龟美也的列表

☐ 3 色笔

由 JAXA 的 HTV 货运飞船带到太空中，用于做记录的笔。

☐ 太空粮

NASA 只给航天员准备了基础的食物，其他食物都由 JAXA 提供。

太空粮在航天员中备受好评，是一定要携带的物品。

太空粮——饭团

☐ 千纸鹤

日本的航天员实习选拔中有“第一位上天的航天员要将大家折的千纸鹤带到太空中”的约定，所以带了千纸鹤。

☐ 给航天员带的礼品

为生日或是节日等特别的日子准备的礼品。为了方便携带，准备了扇子、手绢等物品。

向太空运输物资！

迄今为止，作为定期向国际空间站（ISS）运送实验器材等物资的飞船，日本的宇宙货运飞船『鹳』（HTV）一直表现活跃。目前，新一代的货运飞船，以『鹳』为原型大幅改良的『HTV-X』正在研发中。

“鹳”

2020年5月21日发射的“鹳”9号机完成了它的使命。在将物资运送到国际空间站（ISS）之后，“鹳”9号机承载着使用完毕的实验器材进入大气层，在其中燃烧殆尽。

全长 约 9.8 米 **直径** 约 4.4 米

运载量 最大约 6 吨

运载的物品

国际空间站（ISS）补给品（LED 灯、锂电池等）、新的实验器材、食物、水、生活用品等

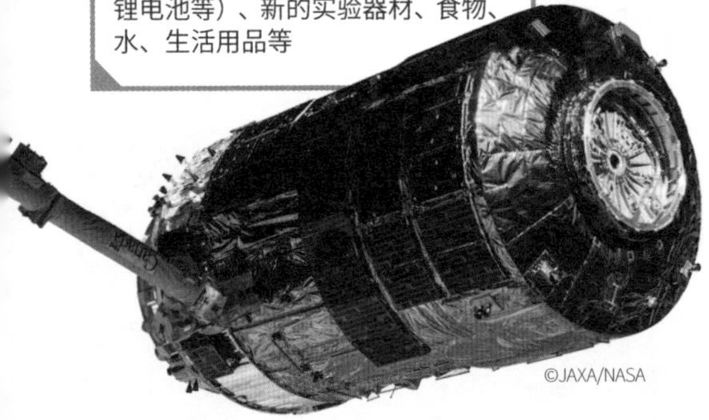

©JAXA/NASA

新型无人货运飞船 HTV-X

不仅能将物资送入国际空间站（ISS），还能作为太空中的实验场所，在太空中最多停留一年半的时间，并且能够将实验结果带回地球。

全长 约 8.0 米 **直径** 约 4.4 米

运载量 最大约 5.82 吨

地球上

在地球上、商品的价格会随地点变化。

在高海拔地区上，一瓶水要几十元！为什么价格会变高呢，你知道吗？

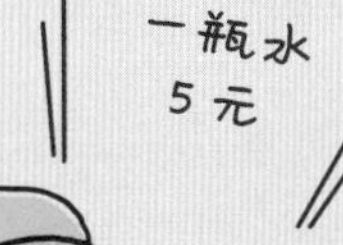

太空中买东西 HOW MUCH?

平常随意可以喝到的水，在太空中十分昂贵！

昂贵的理由

由于运送费用很高所以很贵

水在太空中无法制造，也无法像食物一样通过压缩来减少空间。

由于只能以平时的状态运输，每次发射运输的量很少，所以水在太空中十分昂贵。

商品的价格，由生产费用、利润及它的贵重程度等方面决定。

太空中

能将水运送到国际空间站（ISS）上的“鹳”号货运飞船的研发费用在5亿元以上。

来发射水火箭吧！

水火箭用塑料瓶、厚纸板等身边的常见材料就可以制作。
通过制作水火箭，来学习真实火箭的相关知识，体验发射火箭的感觉吧！

材料·制作方法

制作箭头、动力能、箭身、尾翼

动力舱（1.5升碳酸饮料塑料瓶）

尾翼（牛奶盒）

将各个部件组装后，立起来检查重心吧！

箭头（彩纸）

做成圆锥形

增压塞

箭身（裁剪后的1.5升碳酸饮料塑料瓶）

重物（黏土和报纸）
将重物放在箭头里面

发射方法

压缩塑料瓶内的空气后，借空气的压力将水瞬间喷出，利用反作用力将水火箭送入空中。

注：为了成功发射，宽阔的场地、发射装置、气筒、水是必需的。

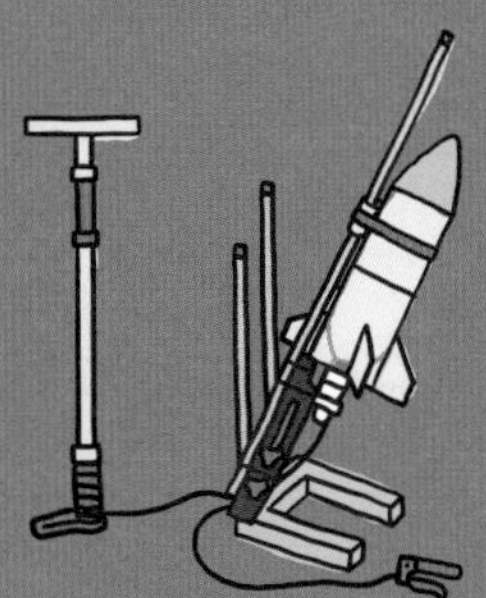

来试试吧

- 通过不放入水或增减水火箭里的水量，来观察不同状态下水火箭的飞行距离和高度吧！
- 改变尾翼的数量、组装方法、位置，看看水火箭的飞行方向有何不同。
- 改变加入的空气的量，观察水火箭的飞行距离有何不同（注意空气不要加太多）。

发射时不多加注意的话会非常危险，请在有水火箭发射经验的大人的陪同下发射汪。

宇宙学院

星期三

WEDNESDAY

在太空中能做些什么？

能像地球上一样做运动、演奏乐器吗？

在太空里可以运动吗？

运动有益身心健康

在体育课上能够玩跳马或躲避球，是因为地球有地心引力。在地球周围高速旋转的国际空间站（ISS）中，是失重状态。在失重状态下，骨头和肌肉会逐渐衰弱，所以运动必不可少。不仅如此，为了维持心理健康，航天员们也需要每天在国际空间站（ISS）中运动。

问问JAXA

在国际空间站(ISS)中运动

在国际空间站（ISS）中，按规定航天员每天必须进行 2 小时以上的运动。航天员用道具使身体无法飘浮起来，然后进行跑步，或者使用特殊的器材进行蹲起。

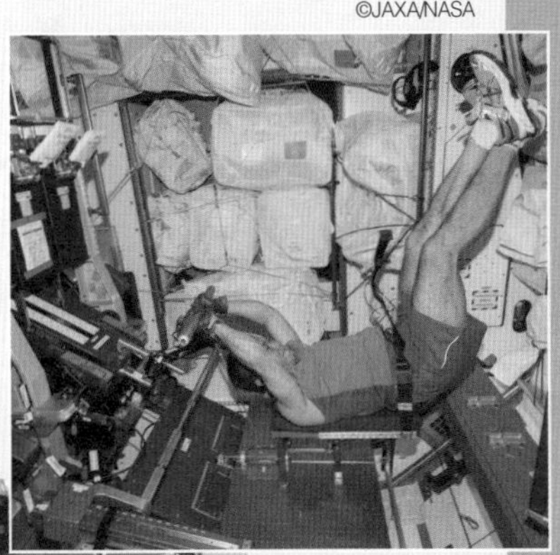

▲ 抓住机器的把手，负重锻炼腹肌。

使用固定带将身体固定住

◀ 国际空间站（ISS）中的跑步机

在太空中这样做会怎样?

拔河

在失重环境中拔河，由于双脚无法在地面借力，两个人会被拽到一起，互相碰撞。

投球

在失重环境中投球，即使扔得再直，球也基本会往上方飞去。

撑竿跳

在失重环境中，人想飞到哪里就能飞到哪里，没法比赛跳高。而在重力约为地球的1/6的月球上，人能跳出6倍于在地球上跳出的高度。如果背着重物使自己的体重达到平常的6倍，才会和在地球上跳得差不多高。

植物在太空中能够生长吗？

植物能感受到重力

植物的生长受到光和重力的影响。在地球上，植物的茎向上生长，根系向土中延伸，这就是植物能够感受到重力的体现。但是，在没有光和重力的太空中，植物的根和茎失去重力的引导，就会向四周随机生长。

问问JAXA

国际空间站(ISS)中能够种植植物吗？

国际空间站（ISS）中有专门的航天员管理和栽培植物。虽然无法和地球上一样提供太阳光，但可以用红蓝色的 LED 灯作为光源。

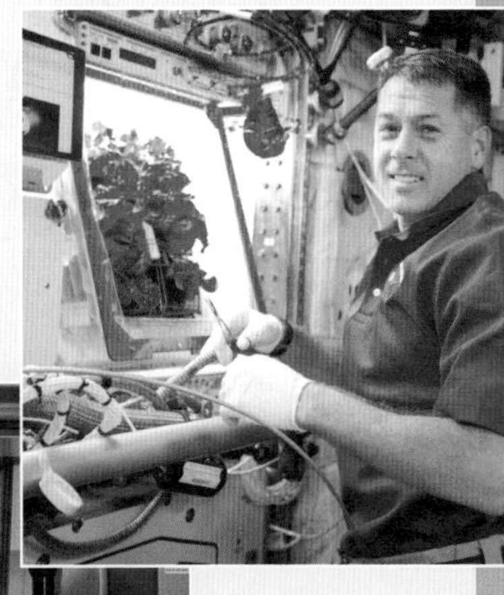

▲ 使用LED灯栽培植物

◀ 收获圆生菜

人类有在月球上建立农场的计划?!

考虑到将来人类有可能去月球定居，而将食物从地球运往月球十分困难，所以在月球上建立种植谷物和蔬菜的地方是非常必要的。但是月球的环境和地球相差极大。月球没有空气，重力也只有地球的约 1/6。而且月球的自转周期大约是一个月，所以日夜交替约 15 天才会进行一次。在这样的环境中要如何种植植物呢？人们还在持续研究。

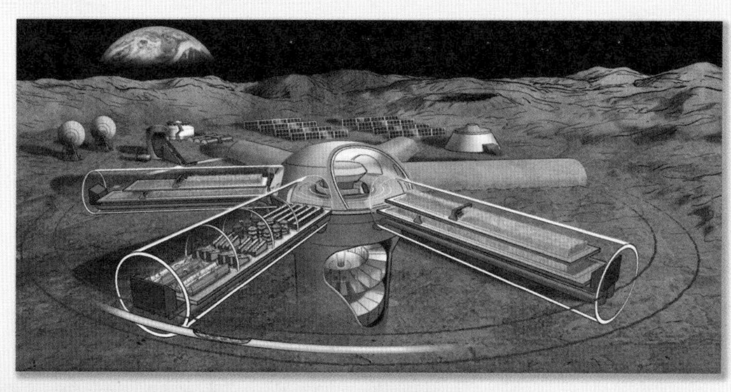

▲ 月面农场的建造概念图

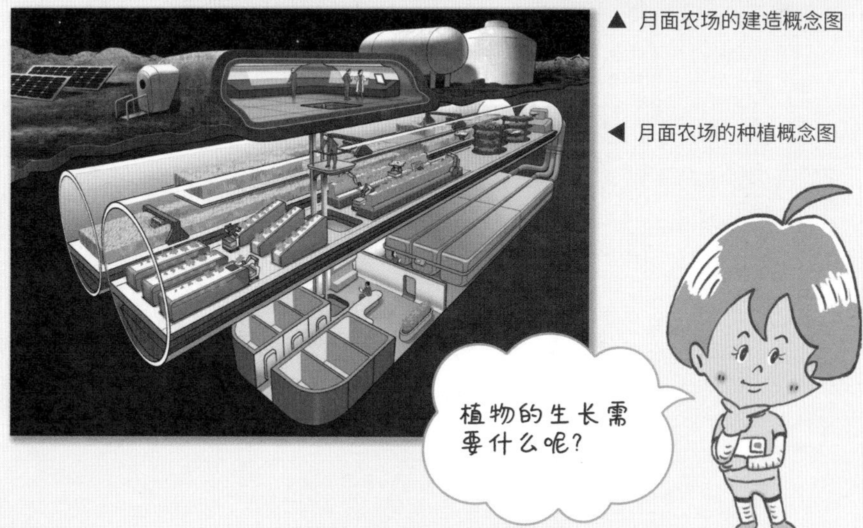

◀ 月面农场的种植概念图

植物的生长需要什么呢？

音乐

在太空中可以演奏乐器吗？

没有空气的话，声音就无法传播

大家喜欢在音乐课上学习唱歌和演奏乐器吗？

声音是借助空气的振动传播的。比如拨动吉他的弦，振动就会传递到吉他的箱体中，产生空气的振动。振动的空气传到耳朵里，人耳中的鼓膜也会产生振动。鼓膜的振动作为信号传递给大脑，人们就听到了吉他的声音。

然而，太空中没有传递声音所需的介质，航天员只有在国际空间站（ISS）里才能够享受音乐。

©NASA

问问JAXA

乐器能带进国际空间站(ISS)吗?

对于航天员来说，音乐是生活中不可或缺的重要组成部分。生活在国际空间站(ISS)中，航天员们也和在地球上一样喜欢通过听音乐来放松身心。甚至还有航天员携带了乐器，偶尔和朋友一起开个小型演奏会。虽然像三角钢琴这样需要重力才能使用的乐器无法演奏，但是吉他、笛子、电子琴等都可以使用。

©NASA

演奏中的航天员们

从太空看到的地球是什么样子的？

美丽的蓝色星球——地球

1961 年 4 月，全世界第一位成功实现宇宙飞行的苏联航天员尤里·加加林，在近地轨道飞行了 1 小时 49 分钟后返回地球。从大气层外观看地球使他十分感动，他告诉我们：『地球是蓝色的』。如果从太空中俯瞰地球，映入眼帘的将是怎样的光景呢？

一起来思考

这是从国际空间站（ISS）传回的地球的照片。看了这张照片，你有什么感想？

©JAXA/NASA

JAXA航天员发起的挑战

从太空发来的照片

以下是航天员油井在国际空间站（ISS）上拍摄的照片。拍摄的是哪里呢？试着回答吧！

在国际空间站（ISS）上也能清楚地看到地球上的城市哦！

©JAXA/NASA

问题1（难度★☆☆）

这张照片拍摄的是日本某个城市的夜景。

从国际空间站（ISS）上向下看，有点像是一只驯鹿的形状呢。

那么，请问这是哪个城市？

问题2（难度★★☆）

这张照片拍摄的是某个国家的首都。

简直像海浪一样美，你能猜出这是哪个城市吗？

©JAXA/NASA

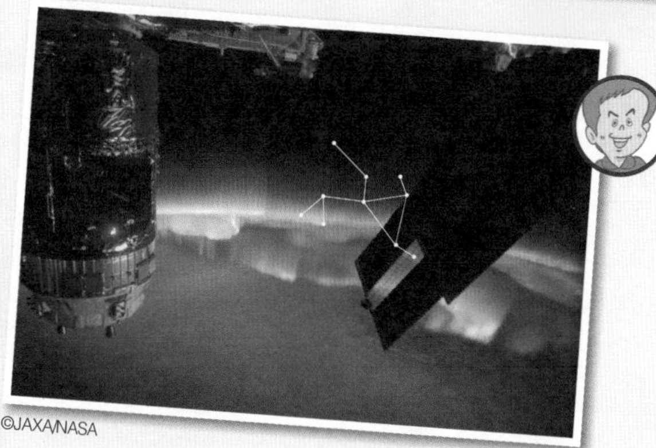

©JAXA/NASA

问题3（难度★★★）

这是一张极光的照片，你能从照片中看出这是南半球还是北半球吗？

图中用白线画出的是天兔座的位置哦。

答案　1：大阪　2：莫斯科　3：南半球

化学

太空里可以生火吗？

物体的燃烧需要氧

有的同学可能希望在太空游学的最后一天点燃篝火庆祝，但是太空中没有燃烧所必需的氧，没有氧就无法生火，点燃篝火也就成了不可能的事情。

一起来思考

有什么能够替代篝火的庆祝活动呢？

问问 JAXA

国际空间站（ISS）中严禁烟火？

国际空间站（ISS）中是无法使用火的。探测器即使只探测到微小的火苗，也会立刻响起警报。

太阳并没有在燃烧?!

为什么太阳没有氧气却可以燃烧呢?
或许你会觉得不可思议：实际上太阳并没有在燃烧。
太阳主要由氢元素和氦元素组成。氢变成氦的反应被称作“核聚变”，这一反应发生时会同时放出光和热。

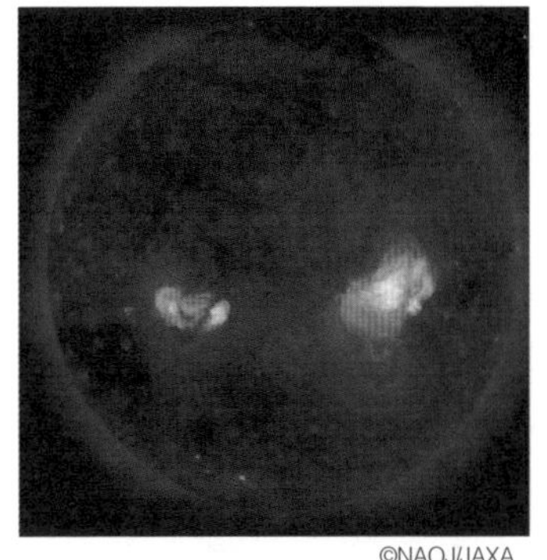

©NAOJ/JAXA

太阳观测卫星“日出”拍摄的照片，使用能观测到X光线的望远镜拍摄。

太阳能够传递到地球的能量，只占其全部能量的1/20亿。

核聚变反应的原理

核聚变发生在太阳的中心部分。在大约1500万摄氏度的环境中，氢元素的质子激烈碰撞融合形成氦元素，这一过程会以光和热的形式释放出巨大的能量。

物理

想在太空晒太阳！

太空和地球环境的区别

在太空中也可以晒太阳吗？让我们来比较一下太空和地球的环境的区别！

空气被太阳传来的热量加热，暖暖的很舒服。

然而，在太空中

太阳光直射，温度高于 100 摄氏度！

在没有空气的太空中，强烈的太阳光直射而来。例如在地球上空400千米的高度，阳光直射的温度约为120摄氏度。距离太阳越近，阳光直射的温度就越高。

还有危险的辐射

太空中充满了对人体有害的辐射。其中的“太阳辐射”，是被称作太阳耀斑的爆发活动中大量产生的辐射。

地球被大气层保护着

地球被一层空气包围，我们称之为“大气层”。太阳放射出的强烈的紫外线、X 光线等在这层空气中被散射、吸收，最终几乎无法到达地面。有了大气层的保护，地球的温度和环境才能像现在这样适合生物生存。

能够在严酷环境中保护人体的航天服

在太空中，有阳光照射和没有阳光照射的地方温度相差很大。航天员平时进行舱外活动的国际空间站（ISS）附近，有阳光照射的地方温度约为120摄氏度，而没有阳光照射的地方温度低至约零下150摄氏度！

太空中还有许多危险的辐射射线。航天服就是为了在这样严酷环境中保护身体而配备的。航天服是白色的，因为白色可以反射太阳光并且不吸收热量。

来详细看看航天服的构造吧！

©NASA

航天服的秘密

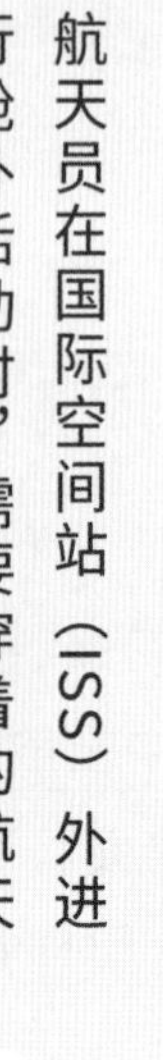

舱外航天服（EMU）相当于小型航天飞船

航天员在国际空间站（ISS）外进行舱外活动时，需要穿着的航天服被称作舱外航天服（EMU）。它相当于小型航天飞船，能够在严酷的太空环境中保护航天员。虽然它的重量有100千克以上，但在没有重力的宇宙飞船和太空中，航天员并不会感到很重，可以轻松穿着。

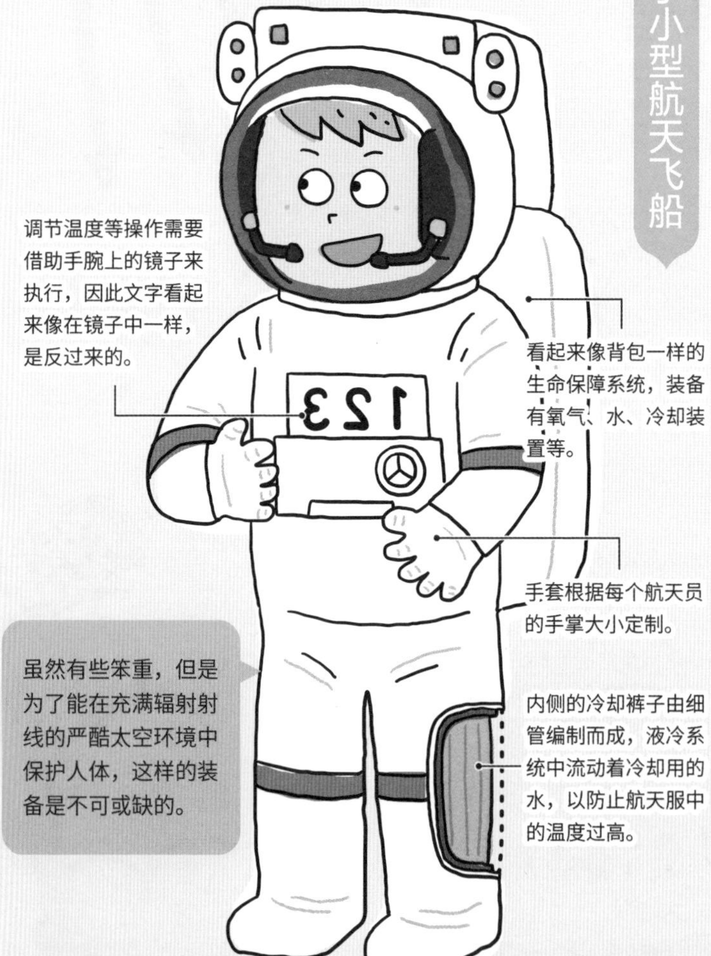

调节温度等操作需要借助手腕上的镜子来执行，因此文字看起来像在镜子中一样，是反过来的。

看起来像背包一样的生命保障系统，装备有氧气、水、冷却装置等。

手套根据每个航天员的手掌大小定制。

虽然有些笨重，但是为了能在充满辐射射线的严酷太空环境中保护人体，这样的装备是不可或缺的。

内侧的冷却裤子由细管编制而成，液冷系统中流动着冷却用的水，以防止航天服中的温度过高。

调查EMU的秘密

航天服还有很多优点。一起来了解一下航天服的神奇之处吧。

这就是我向往已久的航天服啊！

材料为手工缝制？！

航天服使用的是隔热材料，虽然很薄但却有14层结构，无法用机械缝制，只能由专业人员手工缝制。

装载大量的空气和水！

航天服中被100%的氧气填满。为了进入没有空气的太空时，航天服不会由于气压原因膨胀，气压*被设定在很低的状态。头部有装饮用水的包，能够储存600毫升以上的水。

通话或通信都很便捷

头盔背部侧面靠上的部分装有通信耳机，航天员通过它可以和太空中的同伴取得联络，也可以与地面上的指挥官通话。

一件价值5000万元？！

一件航天服的价格竟然在5000万元以上！单是手套的价格就在10万元以上。制作一件新的航天服需要大量的时间和资金，损坏了的话后果很严重。

一定记得穿纸尿裤！

从穿上航天服到出舱活动有4个小时以上的准备时间，中途并不能因为想上厕所而脱下航天服。所以穿航天服的时候需要穿纸尿裤。

*气压：作用在单位面积的大气压力。

应用在地球日常生活中的航天技术

在探索太空的研究中产生的许多技术和材料，如今也应用在了我们的生活中。例如方便食品中的速溶汤，只需要倒入热水就可以立刻变成美味的汤，制作速溶汤使用的『冻干』技术，也在航天食品中广泛应用。此外，汽车的安全气囊、人造心脏等也都应用了航天技术。让我们来看看日常生活中还有什么其他正在被使用的航天技术吧！

低反弹材料

低反弹材料经常用于制造枕头、床垫、靠垫等物品。在太空中，低反弹材料主要用于保护火箭中的航天员们免受冲击。

天气预报

除了气温、气压、风向等指标外，气象卫星的数据也是预测天气的重要指标。大家能看到准确的天气预报，也有气象卫星的功劳哦。

电动剃须刀

平常男性经常使用的电动剃须刀的刀刃，应用了制作航天飞船材料的技术，明明很锋利却不会划破皮肤。

空气净化器

让国际空间站（ISS）中的空气保持循环和洁净所应用的空气循环系统成功商品化，家用空气净化器让无数家庭都能用上这一技术。

内衣的材料

因为在国际空间站（ISS）中生活是无法洗衣服的，为了减少衣服的气味，研究人员研发出了用特殊材料制作的内衣。

导航系统

导航系统是通过人造卫星捕捉我们的信号，定位我们当前的位置，才得以运作的。

减震橡胶

火箭的喷射口为了抵御巨大的冲击，使用橡胶和金属的组合物制作了特殊的减震装置。而这一装置现在也广泛应用于建筑防震中，可以在地震中保护建筑，减少震动给建筑带来的冲击。

课外学习

人造卫星是做什么的？

让生活更加便利的人造卫星

人造卫星有很多种，有向地球传递信息的通信卫星，有在地球上空测定位置和速度的导航卫星，还有观测天气、空气成分、土地样貌、地球状态的地球观测卫星等。

人造卫星在太空中观测地球，能获取很多在地球上观测无法得到的信息。

人造卫星能正确地把握地球的状态，对创造适宜人们居住的环境有很大帮助。

人造卫星表现活跃！

为实现全世界的“可持续发展目标（SGDs）”，人造卫星做出了很大贡献，在调查森林砍伐、通过观测雨云进行洪水预测等环境问题和灾害应对上皆有所作为。

观测森林的变化，保护大自然

“大地2号”观测着大约80个国家的森林状况，并将其发布在网络上。该卫星能够观测到较大的山火、确认火势，在森林保护方面也有很大的作用。

©NASA

观测降水，减少自然灾害

全球卫星观测（GPM）卫星计划的主卫星核心卫星。其观测到的数据可以预测大雨和日照的程度，能够为灾害预防做出贡献。

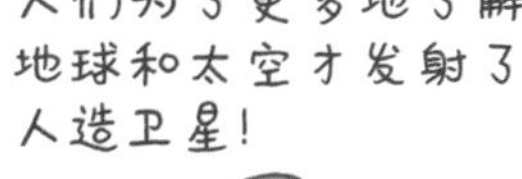

人们为了更多地了解地球和太空才发射了人造卫星！

问问JAXA

人造卫星是怎么行动的呢？

人造卫星的动作和朝向是由计算机控制的。

全球变暖的原因

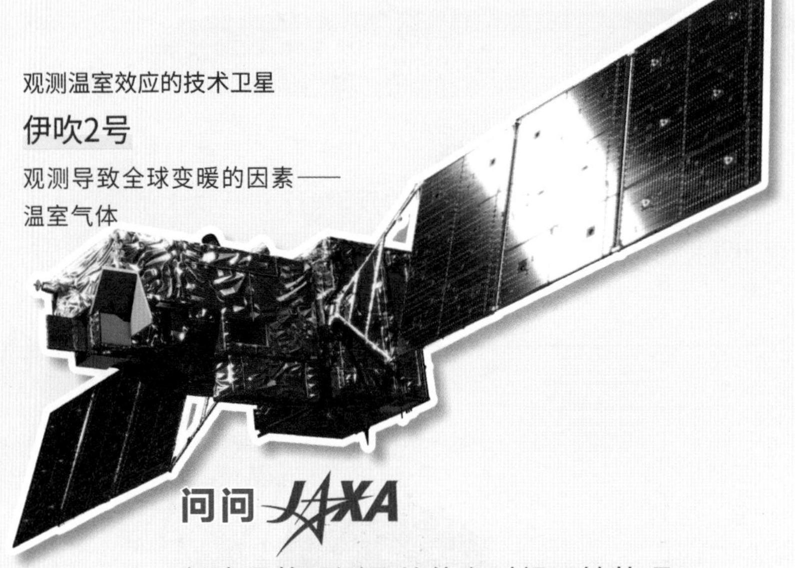

观测温室效应的技术卫星

伊吹2号

观测导致全球变暖的因素——温室气体

问问JAXA

伊吹号的观测是从什么时候开始的呢？

伊吹号的观测从 2009 年开始。2018 年发射伊吹 2 号，继承伊吹号的使命。伊吹 2 号的传感器性能更好，能够正确观测到比伊吹号范围更广的数据。

全球变暖的现象越来越严重了，冰川融化导致海平面上升，南太平洋的岛国上，将会有很多人流离失所。变暖的空气含有更多的水蒸气，这会导致大量的降雨，从而引发水灾。

全球变暖的原因之一就是温室气体——二氧化碳的增加。燃烧石油等化石燃料、过度砍伐森林等都是二氧化碳增加的原因。

人造卫星伊吹号的作用就是在太空中观测温室气体的浓度，伊吹号的观测数据将成为确定全球变暖对策的依据。

No.

Date

想一想

课外学习

探测行星的方法

各种各样的行星探测器

迄今为止，人类向太阳系中的某些行星发射了很多探测器进行探查。

根据不同的探测需求，探测器有很多种类，例如经过各大行星的同时进行观测的飞掠式探测器、一边环绕飞行一边缓慢观察的轨道探测器。其中也有登陆行星表面进行调查，甚至带回行星表面的一部分物质的探测器。

每一种探测器的制作都需要依靠复杂的技术，多亏了世界各国的优秀科学家，是他们将这些高难度的探测需求一一满足。

探测太阳系的探测器

送往太空中探测太阳系中的各大行星的探测器都是什么样子的呢？以下3个探测器都是曾实际发射到太空中的探测器，一起来看看它们有什么功能吧！

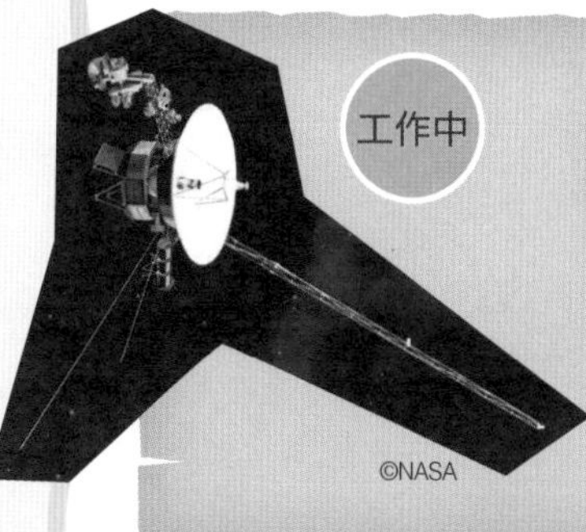

©NASA

工作中

名称	旅行者1号
调查对象	木星、土星等
工作年限	1977年至今

结束对木星和土星的拍摄后，现在正持续往太阳系外飞行。1979年发现了木星也有与土星相似的环状结构，在此后的观测中，发现了木星有4个环。

名称	拂晓号
调查对象	金星
工作年限	2010年至今

探查金星大气结构的探测器。在金星周围环绕飞行约10天，调查金星大气的组成和流动、有无闪电和火山的活动迹象。拂晓号的观测数据解释了金星大气“高速旋转”的原理。

工作中

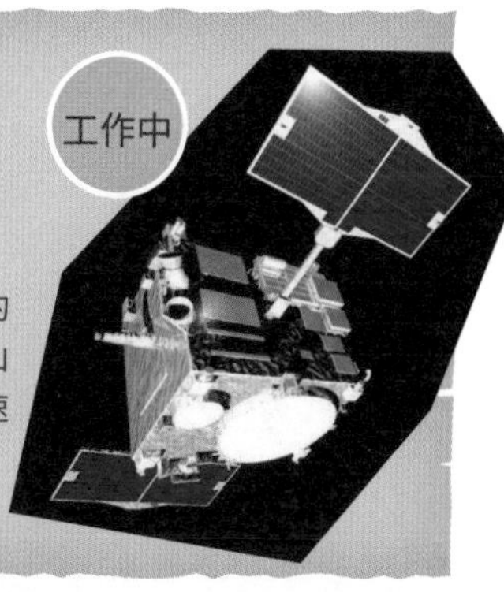

©NASA

已退役

名称	勇气号
调查对象	火星
工作年限	2003~2011年

勇气号火星探测器曾有火星存在过水等重大发现。原本设计时只计划在火星探测3个月，最终却在火星工作了约8年。

『隼鸟号』大冒险！糸川小行星探测

『隼鸟号』是世界上第一个为了将小行星碎片带回地球而发射的探测器。它在太空中独自旅行了7年，克服了许多困难。

2003-5-9

“隼鸟号”首次发射

“隼鸟号”是鹿儿岛县内之浦宇宙空间观测站以观测糸川小行星（→第39页）为目标发射的探测器，用于测试“将小行星上的物质带回地球”的技术。这件事比我们想象的要困难得多。

2004-5-19

地球引力助推成功

“隼鸟号”在围绕太阳运转了一年后，为了利用地球的引力加速完成“引力助推”而准备接近地球。而后，借助地球的引力提升了速度的“隼鸟号”，终于开始向着糸川小行星进发。

2005-9-12

到达糸川小行星

在发射了2年4个月后，“隼鸟号”终于到达糸川小行星附近。“隼鸟号”一边对糸川小行星进行观测，一边随糸川小行星围绕太阳旋转，并准备在小行星表面着陆。

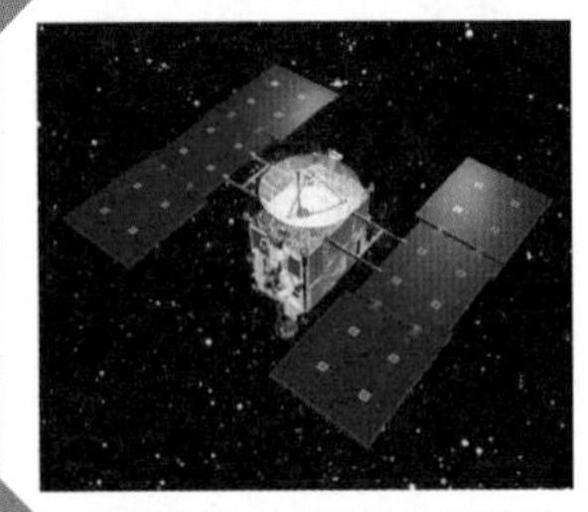

小行星探测器“隼鸟号”

主引擎是用电力加速的离子火箭发动机，由于推力很弱，也装载了当需要强大的推力时能产生化学能的化学火箭助推器。

无法着陆！

姿态控制仪损坏了，这样“隼鸟号”是没有办法着陆的。于是为了维持姿态，“隼鸟号”将动力装置切换为化学火箭助推器。

2005-11-20

第一次登陆

“隼鸟号”小心地控制着姿态，一阶段着陆总算是成功了。6天后的11月26日，二阶段着陆成功，并收集到了糸川小行星的碎片。

2005-11-28

通信中断……

突如其来的通信中断导致“隼鸟号”下落不明。这可能是“隼鸟号”的姿态没有控制好，太阳能板没有面向太阳，导致没能产生足以支持机体运转的电力。

2006-1-23

收到了微弱的电磁波！

通信中断后的第46天，科学家接收到了“隼鸟号”发出的微弱电波，确认了“隼鸟号”的位置。但是“隼鸟号”的4架离子火箭发动机已经损坏了2个，驱动发动机所需的燃料也所剩无几。

2007-4-25

向着地球出发

科学家认为“隼鸟号”返回地球的过程将十分艰辛，不过凭借“我们可以用太阳光的能量来调整‘隼鸟号’的姿态”的想法，总算是克服了困难。2007年4月，“隼鸟号”终于向着地球出发了，到达地球的时间比预计的延后了3年。

2010-6-13

进入大气层，主体燃烧殆尽

终于回到地球的“隼鸟号”将糸川小行星的碎片样本投放到了地球，最后拍摄了一张地球的照片后，猛地进入地球的大气层，燃烧殆尽。科学家通过研究“隼鸟号”带回的样本，有了许多新的发现，为此后的行星探测活动打下了坚实的基础。

『隼鸟2号』的挑战！龙宫小行星探测

2014年

向着龙宫小行星出发！

12月3日，『隼鸟2号』探测器从种子岛宇宙中心发射。装载它的是一枚H-IIA型运载火箭。

2018年

拍摄成功

在距离龙宫小行星130万千米的地方，『隼鸟2号』成功拍摄到了龙宫小行星的照片。

©JAXA/东京大学

到达龙宫小行星

同年6月，『隼鸟2号』到达距龙宫小行星20千米的位置。

用光学导航相机系统拍摄影像

“隼鸟2号”配备的1台望远镜相机和2台广角相机组成了“光学导航相机系统”，拍摄了龙宫小行星、地球和月球等天体的各种照片。

『隼鸟号』探测器（→第74页）带回小行星碎片4年后的2014年，『隼鸟号』的后继探测器——『隼鸟2号』以龙宫小行星为目标发射了。

龙宫小行星是一颗直径在900米左右的小行星，科学家认为该小行星表面的岩石中可能含有很多水分和有机物。

『隼鸟2号』计划将龙宫小行星上的行星碎片作为样本带回，让我们一起见证『隼鸟2号』的旅行吧！

问问JAXA

“隼鸟2号”面临的新挑战是什么？

“隼鸟 2 号”配备了一种能够在小行星表面制造陨石坑的新型爆炸装置。通过在小行星的表面制造陨石坑，“隼鸟 2 号”可以收集到地下岩石碎片。这些地下岩石碎片可以作为没有被温度或射线影响的岩石样本，用于研究太阳系的起源和演化。由这个任务制造的陨石坑被命名为“饭团陨石坑”。

©池下章裕

密涅瓦2号投放

『隼鸟2号』装备了3台探测用机器人——密涅瓦2号，先投下了2台对龙宫小行星的地表进行调查。

2019 年

两次着陆与新的挑战

2019年2月，『隼鸟2号』第一次成功着陆并顺利采集到样本。当时地球控制室中欢呼声一片。

在这之后，『隼鸟2号』开始进行新的挑战——人造陨石坑实验，并第二次顺利着陆，成功采集到了龙宫小行星地下深处的岩石样本。

向着地球出发

11月13日，『隼鸟2号』开始执行返回程序。离开龙宫小行星的『隼鸟2号』向着地球出发了。

“隼鸟2号”完成任务之后会怎样？

“隼鸟2号”将装载着龙宫小行星样本的回收舱投入地球后，会准备向下一个探测目标进发。具体要去哪一个天体，目前还在商榷中。下一站会是哪里呢？真令人期待啊！

能够飞行这么远的探测器，真是了不起！

挑战宇宙计划

除行星探测之外，还有很多探索宇宙未解之谜的计划等待实施。其中既有数十年的长期计划，也有马上就要实现的阶段性计划。一起来了解一下吧！

在卫星上连接电缆

构想中

太空电梯

“乘坐电梯去宇宙”已不是痴人说梦。目前已有从地球表面向约3万6000千米的高空中的地球同步轨道卫星建造电梯的构想。这种电梯的电缆有10万千米长！这需要强度高、重量轻的材料，“碳纳米管”有望成为这种材料。

带回样本

进行中

火星卫星探测（MMX）计划

“隼鸟2号”在探测龙宫小行星的同时，还有从“火卫一”带回样本的计划。如果能够了解火星卫星的起源，对研究太阳系行星的起源或许也会有所帮助。

问问JAXA

一个科研计划大概需要多少人参与呢？

科研计划通常由世界各国的科学家和企业共同推进，比如MMX 计划就是由日本、美国、法国和德国的科学家协作推进的。大家分别在负责登陆的团队、负责观测的团队、负责处理探测器数据的团队中工作。

随着科研计划的推进，说不定可以解开更多宇宙之谜。

什么时候才能去火星居住？

人类火星移居计划

为国际空间站（ISS）研发了运输物资的龙号飞船的SpaceX公司的首席执行官埃隆·马斯克有这样的发言：“人类会移民到火星上的”。目前已有在火星建造100万人规模的城市的计划，有望在2050年实现。

构想中

进行中

新的空间站

月球轨道平台——“国际环月轨道站”

目前有在月球轨道上建造像国际空间站（ISS）一样的载人空间站的计划。它的部件会被分成若干部分，用火箭载入太空，停靠在月球轨道上。该空间站可以成为探测月球和火星的基地。

能让人类在太空中生活的设施？

太空村1号

不同于研究或开发时在太空中“滞留”，这是一个以“在太空中生活”为目的的构想。美国国家航空航天局计划建设一个最多能容纳8000人的太空聚居地——“太空村1号”。要实现这个计划，从小行星调配建设材料将成为关键。

构想中

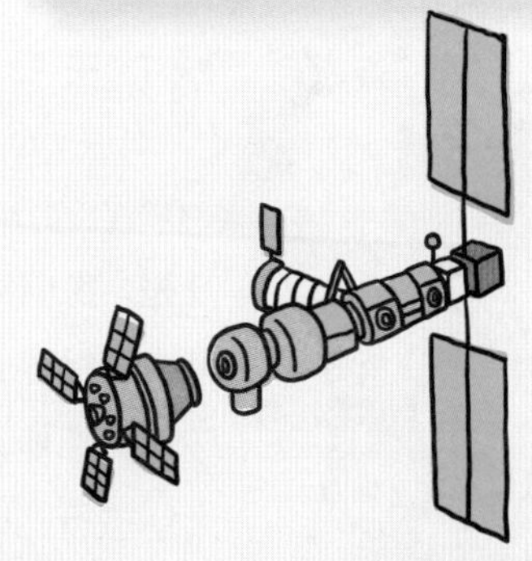

计划中

航天员再次登月

阿尔忒弥斯计划

虽然阿波罗计划以来人类没有再登陆过月球，但是目前有再一次登陆月球的计划——阿尔忒弥斯计划。该计划预计定期向月球输送航天员并在月球表面建设基地。

我想坐上探测车，去火星寻找外星人！
欢迎来到火星！
哇哦！
我一定要在太空中看看地球！
利
向井
阿姆斯特朗
成功登陆月球表面的航天员只有寥寥 12 名。
谢帕德
加加林
此前即使是在太空中居住的航天员，也只能在宇宙飞船中生活哦！
奥尔德林
人类探索太空约有 60 年的历史，其间约有 600 名航天员飞往太空。
?
但是，我们有可能已经进入任何人都能去太空旅行的时代啦！
大家听说过各国合作制造的能够让人类一直在太空中居住的飞船吗？
我们也是其中的一员！
咳咳

日出前和日落后的两小时左右，我们能够在地面上观测到国际空间站（ISS）哦！
国际空间站（ISS）！！
哇！
好想去国际空间站（ISS）看一看啊！里面的生活会是怎样的呢？
没有重力的话，还能泡澡吗？
能吃到美味的饭菜吗？
要不要听听我这个在国际空间站（ISS）中居住过的航天员的经历呢？
要听要听！
嗯嗯！
虽然只是我个人的经历罢了……
那么，让我们一起来了解航天员的工作和生活吧！

特别讲座

宇宙居住时长总计 5 个月！

采访 JAXA航天员

©JAXA/NASA

航天员油井龟美也

从太空中看到的地球是什么样的？在太空中都做些什么？
来听听航天员的讲述吧！

从圆生菜田中仰望星空而生的宇宙梦

小光

航天员听起来好帅啊！您是从什么时候开始想要成为一名航天员的呢？

航天员油井

小学3年级左右吧。我的老家在长野县，家里种了很多圆生菜。很小的时候我就开始帮家里做农活。有一天我做完手头的工作，抬头一看，立刻就被壮观而又美丽的星空迷住了。

在觉得壮观之余，我也产生了对太空的向往。父母给我买了天文望远镜来支持我的梦想，从此我有了更深入地了解太空的目标，希望有一天能成为天文学家或者航天员。

小空

您是怎样成为一名航天员的呢？

航天员油井

我原本只是一名试飞员，工作是试飞新型号飞机，确认其安全性和性能。

在我39岁那年，JAXA招募航天员候补人员，我毫不犹豫地报名了。

小光

候补人员……也就是即使合格了也没办法立刻飞往太空吗？

长达 6 年的训练！进行各种各样的实验！

航天员油井

从我成为候补人员到真正起飞大约过了6年。从候补人员成为正式航天员花了两年半时间，被正式任命为国际空间站（ISS）的一员又是一年后的事情了。这之后我进行了各种各样的训练，又两年半之后，我才正式前往太空。（→第92页）

小光

哇，这么辛苦！其间您有什么不擅长的训练项目吗？

航天员油井

当然有。但是人类有适应各种环境的能力，虽然困难，却没有无法完成的训练。

我搭乘的火箭是俄罗斯的联盟号。在国际空间站（ISS），大家都使用英语和俄语交流。一开始我非常不擅长俄语，费了很大工夫去学习，不过学习的过程随着熟练度的提高逐渐变得有趣了。

航天员油井乘坐的联盟号火箭。

飞往国际空间站（ISS）的是联盟号TMA-17M航天飞船。

小空

您在太空中都负责什么工作呢？

航天员油井

进行各种各样的实验。

在大约5个月的时间里，我做了200场以上的实验。为了协同作业，我们会在操作的同时，和地球上的科学家们进行通信，以此来确定操作手法。

我们还会把在国际空间站（ISS）中拍摄到的台风的照片发送给地球，地球的研究员会对其进行分析。

小光

为什么要在太空中进行实验呢?

航天员油井

在太空这样的真空和失重状态下进行实验是很重要的。

例如,你知道能够变化成各种细胞的诱导性多能干细胞(IPS细胞)吗?在没有重力干扰的环境中,IPS细胞可以在诱导下成长为各种器官。

我们也在做药物开发相关的实验。将病理组织放置在失重状态下培育,根据它的生长特征,可以得知病情的具体数据,并以此制作出更好的药物。

实验中的航天员油井 ©JAXA/NASA

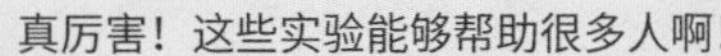

小空

真厉害!这些实验能够帮助很多人啊!

航天员油井

接下来我们将着眼于未来,思考如何活用太空环境,并继续进行各种各样的研究。这也是航天员的重要使命之一。

和各国航天员一起度过的国际空间站(ISS)生活

小空

国际空间站(ISS)中都有哪些国家的航天员呢?您是怎样和他们成为朋友的呢?

航天员油井

有俄罗斯人、美国人、日本人等。在人际交往中，互相尊重是最重要的。每个国家都有其独特的文化和历史，每位航天员都了解这一点。

例如当国际上发生了某个新闻事件时，每个国家的立场不同，发布新闻的侧重点也会不同。哪个国家发布的新闻才是正确的并不是重点，航天员之间也不会因此产生争执。

小光

如何与周围的人建立信任呢？

航天员油井

不向同伴隐瞒自己在工作中的失误，是让他人信任自己的好办法。这样也可以让自己产生适当的紧张感，更懂得体谅他人。

©JAXA/NASA

航天员油井和其他国家的航天员一起做迎接鹳5号的准备工作

小空

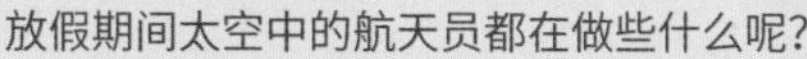
放假期间太空中的航天员都在做些什么呢？

航天员油井

大家会聚在一起吃一顿饭，有的时候会聚在一块儿看电影。我的爱好是将在国际空间站（ISS）中看到的风景拍摄下来，然后把照片发给家人和朋友看。

©JAXA/NASA

航天员油井拍摄的蝎虎座

小光

哇！好多星星啊！真好看！

航天员油井

没错。因为太空中没有空气和尘埃，事物变得特别清晰。太空比在地球上所能看到的更加广阔，而从太空中看到的地球美丽得无法用语言形容，超越了人的想象力。几乎所有航天员都这样认为。

©JAXA/NASA

名为“穹顶”的观测窗，视野开阔，十分适合摄影。

在太空的生活中感受到的人类的伟大

小空

从国际空间站（ISS）的视角看，地球很大吗？

航天员油井

是的，但与此同时，也能感受到地球的渺小。把太空和地球隔开的大气层其实很薄。在地球上明明感觉空气取之不尽，从太空中看却也不过如此。海虽然看起来很广阔，但湖和冰川之类的人类能够使用的淡水却十分稀少。我深刻认识到了保护自然环境的必要性。

小空

我也想从太空中看看地球啊！温室效应也必须解决才行。

航天员油井

只要想就肯定能做到。在宇宙事业中，我真正感受到了人类的伟大。人类制造出了国际空间站（ISS），并在其居住了长达20年。

（接下页）

（接上页）

对月球和火星的开发已经提上日程。这令人真实地感受到了，只要人们互相合作，怀抱着同一个梦想，一切皆有可能。

航天员油井在国际空间站（ISS）拍摄的地球，能在边缘隐约看出大气层。近处是国际空间站（ISS）的一部分。

小空：也就是要合作的意思吗？

航天员油井：合作，以及坚持不懈。为了完成某个目标最重要的就是坚持，即使映射到个人也是如此。我们经常认为自己的能力就只有那么大，不知不觉地给自己设定了上限。但一旦我们对一件事产生了兴趣，就可以坚持，只要坚持，就可以超越自己。无论怎样，大家都应该先试着发现自己感兴趣的领域。

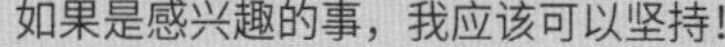

小光：如果是感兴趣的事，我应该可以坚持！

航天员油井：没错。我为了实现自己的梦想努力了35年，而实现这个梦想少不了家人、朋友、同事们的帮助。所以和其他人互帮互助也非常重要，和大家一起谈论梦想的过程十分珍贵。最后我想说的是，人类最伟大的地方在于梦想的传递。
我有一个梦想，希望有朝一日可以去火星看看。即使我没有完成我的梦想，也会有人抱着和我一样的梦想继续努力，总有一天这个梦想会实现！

小空、小光：听了您的话，我们非常感动！谢谢您！

特别讲座

居然很普通

在国际空间站（ISS）的一天

航天员在国际空间站（ISS）的生活是什么样子的呢？一起来看看航天员的一天，并和自己的日常生活做个对比吧。

06:00 起床、洗漱、吃早饭

起床后立刻刷牙洗脸，进行准备工作，然后去吃一顿简单的早饭。

甚至有睡到不得不起床才起来的人。

07:30 开早会，和地面指挥中心联络

每天早上都会开早会。和世界各地的地面指挥中心通话约10分钟，确认今天的工作内容。

开早会可以让我们迅速进入工作状态。

08:00 上午的工作

准备实验样本。今天的工作是栽培用于调查成长和重力之间的关系的植物，以及调查在地面上观测不清的对流现象。

▼偶尔也会直播操作一些从学生间征集来的有趣实验

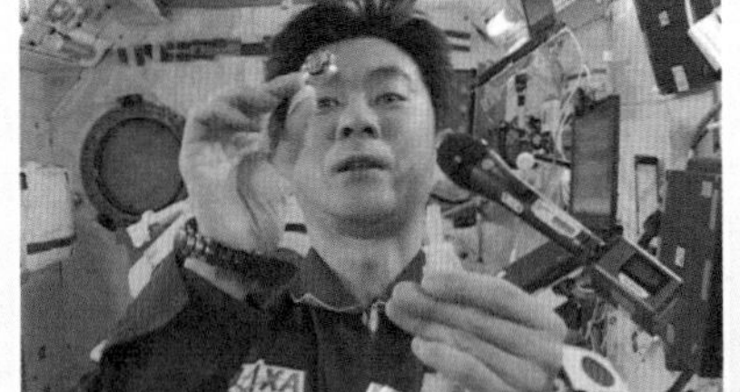

©JAXA/NASA

12:00 午饭

因为还有下午的工作，所以简单吃一点。

植物栽培实验▶

13:00

下午的工作

做一些1小时左右就能做完的实验和5分钟左右就能完成的工作。有时也会进行行星和地球的观测。
18点左右开晚会，和地球上的指挥中心对接今天工作中的事宜及明天的日程，然后结束今天的工作。
偶尔也会加班，但是因为航天员需要在医生的监管下严格管理自己的身体状态，所以即使是10分钟的加班也要获得许可才能进行。

有一些非常消耗资金的实验，会一边接受地球上的指挥一边慎重地进行。

锻炼身体

为了不让精力下降，需要锻炼腰腿力量。做15分钟热身，有氧运动和肌肉锻炼各1小时，然后整理休息15分钟。

骨头会以地球上10倍的速度弱化，肌肉则是以2倍速度弱化，所以坚持运动很重要。

20:00

晚饭、洗澡

有时会和其他航天员聚在一起吃饭。晚饭后使用特殊的香皂和洗剂洗澡。

太空中很难携带碳酸饮料，喜欢的可乐也没法喝到了。

21:00

自由活动

透过国际空间站（ISS）的窗户拍摄地球和星星的照片、和家里人打电话、读书等，和在地球上一样，做些自己感兴趣的事情。

22:00

睡觉

国际空间站（ISS）的每个人都分配有一个单独的小卧室，做好第二天的准备就要上床睡觉了。

在太空中住久了，连做的梦都是以宇宙为主题的，昨天还做了躲避太空垃圾的梦。

特别讲座

航天员的工作

航天员在飞向太空时都怀有各自的职责，不仅限于操作火箭、使用国际空间站（ISS）的设备等，运用专业知识进行实验也是工作的一部分。来了解一下航天员都有什么样的工作吧。

航天员萨莉·赖德

©NASA

第一次搭乘时间：1983年6月18日

我是美国的第一位女性航天员，乘坐"挑战者号"航天飞机去往太空，进行将加拿大和印度的通信卫星引上轨道、运送美国和德国共同的器材之类的工作，总共在太空中停留了14天7小时47分。

航天员尼尔·奥尔登·阿姆斯特朗

©NASA

第一次搭乘时间：1966年3月16日

作为1969年"阿波罗11号"的指挥官，代表人类第一次踏上月球，在月球表面停留了2小时31分，在月球表面插入了美国国旗，设置了地震仪等探测器，带回了22千克的月岩。

航天员阿列克谢·列昂诺夫

©NASA

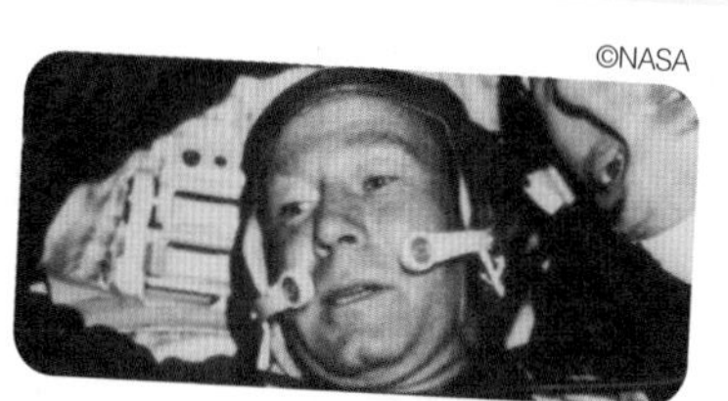

第一次搭乘时间：1965年3月18日

完成了人类第一次穿着航天服在舱外活动的壮举，此次太空行走持续了大约10分钟，为航天员在宇宙飞船出现故障时在舱外进行修理打下了实践基础。

航天员卢卡·帕尔米塔诺

©ESA/NASA

第一次搭乘时间：2013年5月29日

2009年成为欧洲空间局的航天员。在2013年7月的舱外活动中，因头盔漏水而险些溺水，但是没有因此惊慌，而是冷静地判断情况回到了舱内，在同伴的帮助下摘下了头盔，成功获救。

航天员若田光一

©JAXA/NASA

第一次搭乘时间：1996年1月11日

至今已经进入太空4次，作为首个在国际空间站（ISS）长期工作的日本人，负责在日本的太空实验室“希望号”中做实验，或是检查实验室内的各项机能是否正常，后来负责使用机械臂对人造卫星进行回收的工作。2013年接下了船长的职务，很照顾船员们。

航天员金井宣茂

©JAXA/NASA

第一次搭乘时间：2017年12月17日

运用以前作为医生的知识进行着研究。为了降低人在太空中停留的危险，研究太空带来的压力（由放射线和失重导致的精神压力）对人产生的影响。

航天员艾琳·玛丽·柯林斯

©NASA

第一次搭乘时间：1995年2月3日

至今已经执行了4次航天任务。第二次任务是作为船长在舱内为航天员野口聪一的舱外活动提供支援，并且完成了航天飞机与俄罗斯空间站的对接任务。虽然作业比较困难，但是最终还是顺利完成了。

特别讲座

来参观航天员的训练吧

非常艰辛！

就像航天员油井在采访（→第 82 页）中所说，航天员从被选中到实际进行太空探索，需要进行 5 年以上的训练。训练分为 4 个部分，每个部分都需要至少 1~2 年的时间，十分辛苦。

“基础训练”包含语言表达能力训练、模拟月面探索的沙漠训练等。此外还有在洞窟中培养团队协作能力，完成任务所需的训练等。来看看其中 4 个训练内容吧。

©JAXA/GCTC

生存训练

在返回地球时，让航天员即使着陆在预定以外场所也能够生存而展开的训练，内容包括处理伤口、寻找并制作避难所等。航天员会进入寒冬中的森林这样的艰苦环境中训练。

提前思考遇到危机时的应对方法，是非常重要的。

操作喷气机和航天飞船

为了能够操作喷气机和航天飞船而做的训练。训练正确读取计量器的读数，一边使用英语或俄语与同伴交流，一边处理故障，培养保持冷静的习惯。

由于我曾经的工作是飞行员，所以我很擅长操作机械或计算机。

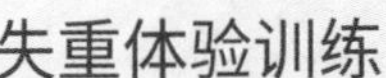

失重体验训练

为了让身体习惯失重状态而进行的训练。让飞机加速上升达到一定高度后，向下俯冲形成失重的状态。虽然只有20~30秒，但身体会像在太空中一样飘浮。

©JAXA/NASA

水中训练

为了顺利完成国际空间站（ISS）各种各样的工作，需要在近似失重状态的水中进行相关训练。

©JAXA/NASA

由于航天服中充满了空气，移动身体需要很大的力气。训练结束后通常浑身乏力，甚至连解开拉链的力气都没有。

特别讲座

与家人或朋友一起来试试

提高沟通能力

为了能在太空中安全地行动、顺利地推进任务、将遇到的状况和自身的感受正确地表达出来，良好的沟通能力是航天员不可或缺的。这要求航天员用方便理解的方式向对方传达自己的意思、理解对方想要传达的意思。让我们为成为航天员和航空管制官来挑战一下吧！

来玩交流拼图吧！

1 将下面的11个拼图复印两份，分别剪下来。

2 由Ⓐ负责组装拼图（扮演航天员）、Ⓑ传达拼图的信息（扮演航空管制官），两个人分开坐在看不到对方拼图的地方。

3 Ⓑ用拼图拼一个自己喜欢的图形。

4 Ⓑ用语言尽可能详细地将自己拼的图形告诉Ⓐ。

5 Ⓐ按照Ⓑ的话语将图形再现。

复印后使用

观测国际空间站（ISS）

在地球上 400 千米高空中运行的国际空间站（ISS），即使不使用望远镜等设备也可以在日出前或日落后轻松观测到哦。

调查最佳观测时间

国际空间站（ISS）大约每天绕地球旋转16圈。如果天气条件合适、时间准确，就可以从地面上直接用肉眼观测到国际空间站（ISS）哦。能观测到国际空间站（ISS）的时间点大约在日出前和日落后的两小时内。

推荐用肉眼观测

用在事前调查中确认好的角度观测，应该可以观测到一个闪亮的光点从天空中滑过。如果从一开始就用望远镜观测的话，视野会比较狭窄，所以先用肉眼找出国际空间站（ISS）的位置吧。注意安全，应和家长一起进行观测哦！

观测前准备

- 寻找一个安全、视野开阔的地点。
- 调查观测国际空间站（ISS）的最佳视角和时间。
- 观看天气预报确认今天的天气。
- 确认仰角要大于 30 度。
- 确认日出、日落的具体时间（会根据不同季节有所变化）。

提问

你知道为什么要在日出日落时观测国际空间站（ISS）吗汪？

答案 需要在国际空间站（ISS）把阳光反射到地球方向，同时地面上能看到的天空又比较暗的时候，我们才能观测到国际空间站（ISS）。所以只有在日出和日落时才可以。

宇宙学院

星期四

THURSDAY

享受太空中的生活！

在太空中生活，
会是怎样的呢？

国际空间站（ISS）是怎样的地方？

围绕地球公转的巨大实验场

国际空间站（ISS）在距离地面大约400千米的高空飞行。这里是由美国、日本、俄罗斯等16个国家用于实验、研究、观测的设施。

国际空间站（ISS）是无国界的地区之一。各国的航天员们在国际空间站（ISS）中共同合作、完成工作，那里是象征着世界和平的场所。

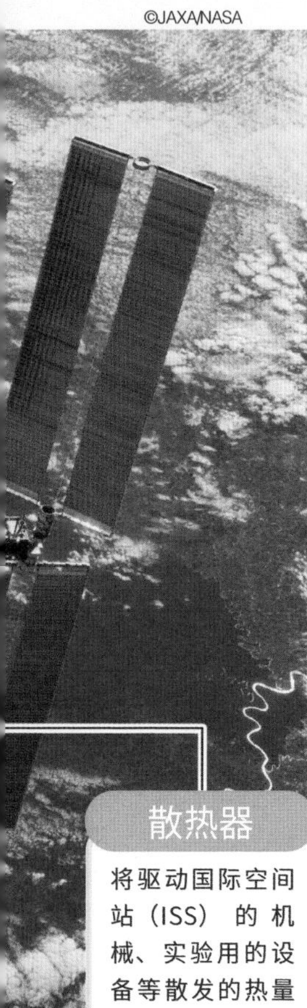

散热器

将驱动国际空间站（ISS）的机械、实验用的设备等散发的热量散发到太空中，从而保持室温的舒适。

▲2001年在航天飞船上拍摄的国际空间站（ISS）的照片，连接着鹳2号货运飞船。

问问JAXA

国际空间站（ISS）是如何组装的？

国际空间站（ISS）大约有420台家用轿车那么重，无法一次性从地球运送至太空。

从1998年到2011年，人们使用大约13年时间才在太空中将其组装起来。各舱室是由各国协力，分46次一点一点发射运送的。这个搬运任务由俄罗斯的质子号火箭和联盟号火箭、美国的航天飞机完成。现场的组装则由机械臂操作或由航天员通过舱外活动来完成。由日本开发并组装的舱室是名为“希望号”的实验舱，如今这里开展着各种各样的实验。

“希望号”实验室

在国际空间站（ISS）的 4 栋实验室中，“希望号”是由日本开发的，设置有能够在太空中做实验或观测的舱外实验场地（→第 98 页）。

机械臂

机械臂用来移动大型部件或者为舱外活动的航天员提供帮助，由舱内的计算机控制。

鹳号

装载着实验器材和航天员生活物资的无人货运飞船，在机械臂的帮助下与国际空间站（ISS）对接。

太阳能电池板

利用阳光提供国际空间站（ISS）所需的全部电力，左右各有 8 枚，总是自动旋转以面向太阳的方向。

星辰号服务舱

俄罗斯的宿舍舱室，俄罗斯航天员们吃饭、睡觉的地方。

DATA

名称：国际空间站（International Space Station，ISS）
大小：长约108.5米，宽约72.8米（大约1个足球场大小）
质量：约420吨
参与国：美国、日本、加拿大、英国、法国、德国、意大利、瑞士、西班牙、荷兰、比利时、丹麦、挪威、瑞典、俄罗斯、巴西

参观神奇的航天实验室

国际空间站（ISS）希望号实验室

其一

物品飘浮在空中→不需要容器也可以做实验

在地球上，制作玻璃或塑料制品时，需要用模具来确定成品的形状。而在失重状态下，物品会浮在空中，不需要模具。使用让浮空的物品无法移动的装置，就可以进行一些在地球上无法完成的加工了。

其二

液体能搅拌得更加均匀→产生品质更高的材料

例如，部分调料在地球环境中久置会分层，而在失重状态下却可以一直保持均匀。我们利用这样的环境，可以制作一些更加优质的材料。

其三

骨质变得疏松→寻找解决的办法

地球上有重力，所以骨骼一直支撑着人体的行动。然而，处于失重状态下的人体不需要骨骼支撑。所以在“不被需要”的情况下，骨骼会迅速弱化。目前人们正在致力于研究防止这一现象的药品及有效的运动方式。

国际空间站（ISS）内的重力只有地球上的万分之一。借助这样的失重环境，人们完成了很多地球上无法完成的实验。着眼于未来的地球和人类，人们十分期待往后的科学、医学、工程技术将会怎样发展。

一起来思考

做个实验吧！有两颗大小完全相同的木球和铁球，用相同的力推它们，如果在地球上它们会怎样运动？在太空中又会怎样运动？思考一下两种环境的区别吧！

其四

舱外就是太空→能够详细地调查太空

在太空中，没有上下左右等方位，空间中充斥着对生物体有害的各种辐射，被阳光直射的部分温度极高。在这样的环境中进行的探索及得到的经验，对于未来人类向太空中进发来说十分珍贵。

劳动

体验在国际空间站（ISS）的生活

太空中的生活和地球有什么区别呢？

以下插图和照片，分别表现了地球和国际空间站（ISS）中的生活。把你觉得相关联的两张图片连在一起，并且思考一下在国际空间站（ISS）上与在地球上生活的不同之处吧。

在失重状态下虽然有不便之处，但也有便利之处！

地球上的生活

房屋建在地表，屋顶和墙壁守护着我们。

A

大小便都使用马桶

a

©JAXA/NASA

室内温度保持在21~25摄氏度，航天员们都穿着方便活动的短袖衫。出舱活动时，则换上特殊的航天服（→第64页）来保护身体。

b

©JAXA/NASA

每个人的房间只有几乎刚好放下一个成人的大小。但是由于物品会飘浮，所以不担心没有地方放东西。航天员们在这里和地球上的家人、朋友通话，或者在固定于墙壁的床上睡觉。

国际空间站（ISS）中的生活

回想一下大家扫地用的工具。

D

根据季节的不同，穿着不同的衣服。

C

自己的房间中有课桌、床和其他家具。

B

d

©JAXA/NASA

太空中的环境非常不适宜人类生存。航天员们居住的国际空间站（ISS）中的环境已经被改造成了可以抵御太空中不利因素的状态。

©JAXA/NASA

为了让工作和生活的环境保持干净整洁，航天员们每周会用吸尘器和抹布做一次大扫除。不过国际空间站（ISS）中并不使用扫把，毕竟灰尘在失重状态下是无法扫到一起的。

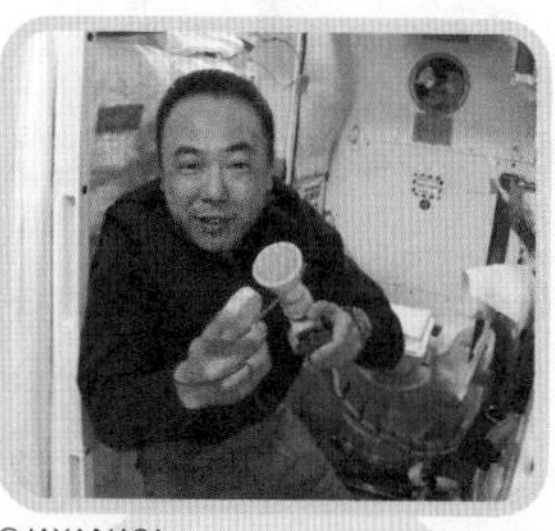

©JAXA/NASA

国际空间站（ISS）中的两个厕所，有着能将排泄物吸走的功能。即使如此，大便的过程也十分困难！由于坐在马桶上人会浮起来，甚至大便也会浮起来，因此需要一些技巧。

答案 A—d、B—b、C—a、D—c

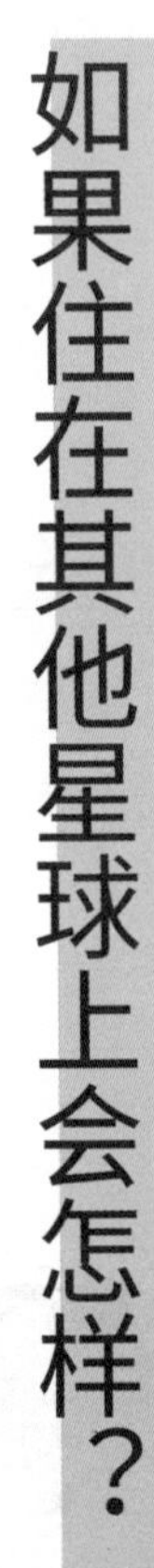

如果住在其他星球上会怎样？

欢迎来到！

月球的家！

太阳能板

因为没有大气层的阻挡，每天大约会有100颗陨石撞击月球表面。

➡地下的家

电池

电池

台阶的高度差很大

昼夜温差有200摄氏度以上！

➡在室内栽培蔬菜

重力是地球的1/6

➡因为走路像在飞一样，所以天花板要建得高一些。

因为夜晚大约会持续两周，所以需要提前积蓄电力。

➡太阳能发电

如果人类移居到太阳系的其他星球上……

现在这还只是梦想，其实人类可能移居的星球只有月球和火星。这两个星球的环境各有不同，如果想要移居，设计一个适宜居住的家是很有必要的。

在重力只有地球1/6的月球，和经常刮沙尘暴的火星，分别建造怎样的家好呢？尽情发挥你的想象力吧。

-欢迎来到!

火星的家!

根据提示设计一个火星上的家吧!

一起来思考

在火星的家会是怎样的呢?根据火星的环境进行创作吧!

提示! 火星上是这样的环境哦!

□常年有沙尘暴，天空是红色的，偶尔还会刮龙卷风。
□四处都有对人体有害的辐射。
□重力约为地球的1/3。
□有稀薄的大气层，但没有氧气，只有二氧化碳。
□最高气温27摄氏度，最低气温零下133摄氏度。
□一天的时长为24.65小时。

●·参见附录7

生活课

在太空中能睡个好觉吗？

每天太阳会升起16次的国际空间站（ISS）

国际空间站（ISS）每90分钟环绕地球一圈，所以每90分钟就能看到一次日出，也就是每天16次。

舒适的睡眠

在物品和身体都会飘浮的国际空间站（ISS）中生活，无法做到在床上睡觉。为了不在睡眠时四处乱飘，航天员们会把自己的身体固定住再入睡。因为处于失重状态，血液会均衡地在体内循环，所以并不需要变换睡姿。

国际空间站（ISS）中的昼夜交替每45分钟一次，所以需要确定现在的时间来决定睡眠时间。航天员们在国际空间站（ISS）使用的时间标准是协调世界时*。

*协调世界时：世界统一的时间标准。

把飘浮的身体塞进睡袋

如果睡相很差，睡觉时就有可能和重要的东西相撞。所以平时睡觉的时候要钻进睡袋里。

如果两臂上举，证明睡得很香！

在地球上，两只手自然下垂会睡得更舒服。但在失重状态下，不刻意控制的话双臂会自然上举。所以如果睡觉的时候举起双臂，就证明这个人现在睡得很沉。

有规律的日常生活

在国际空间站（ISS），日出、日落频率和在地球上不同，航天员们要时刻防止生物钟被打乱。保持着每天6点起床，10点睡觉的规律生活。

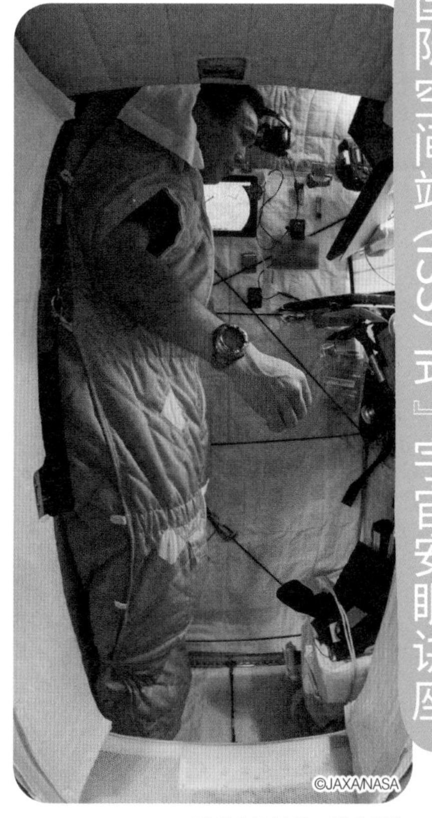

看起来像站着一样的睡姿

问问JAXA

太阳系中的其他天体的一日是多久？

在地球，由于地球自转一圈的时长约 24 小时，所以一天是 24 个小时。
火星自转一圈约 24 小时 40 分钟，太阳系中自转最快的木星的自转周期约为 10 小时，自转最慢的金星自转一圈约 243 天！月球的昼夜交替约 2 周一次。

在太空中吃什么？

地球上的一餐

吃咖喱饭的时候，我们会把米饭和咖喱盛进盘子里，用勺子挖着吃；喝果汁的时候，会倒进杯子里喝。

太空中享受的『航天食品』

在地球上，我们用水和火制作饭菜，将其倒入容器中食用。但航天飞船中不能生火，所以航天食品都是加工好后运送到国际空间站（ISS）中。

航天食品非常注重安全性，在没有冰箱的国际空间站（ISS）中可以常温保存一年半左右，其容器也使用不易燃烧的材料制成。

国际空间站（ISS）上的一餐
所有东西都会飘浮起来，所以航天员不使用盘、碗或杯子等器具盛放食品和水。在四处都是机械的环境中，如果水洒了，很容易造成机械故障，所以液体都是放入袋子吸食。
吃饭用的饭桌也很有意思。为了不让食物四处飘浮，装食物的袋子和桌面会用魔术贴固定。
米饭
咖喱
太空中味觉会变弱，所以航天食品的口味都会比较重。
食品的味道也很重要啊！航天员也需要美味的食品来放松身心啊！

欢迎来到太空餐厅！

太空餐厅菜单

航天食品总共有600~800种。

©JAXA/NASA

航天套餐

平时航天员们经常吃的是美国和俄罗斯的标准航天食品。
（图中是俄罗斯的标准航天食品。）

航天食品

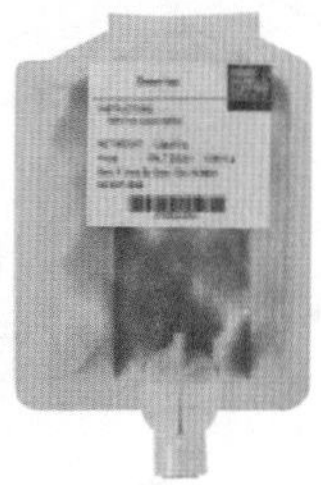

绿茶

粉末状的茶叶，加入热水即可饮用。

羊羹、饼干

治愈疲劳的小甜食。

航天食品的主要种类

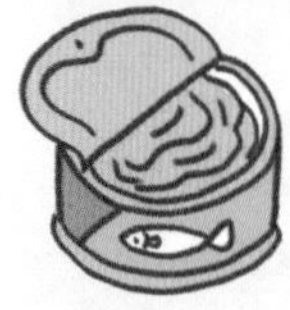

罐头

金枪鱼或沙丁鱼等鱼类的罐头，常见于俄罗斯航天食品。

干货

果干或牛肉干等，工作间隙食用的小零食。

冻干食品

干燥后制成的食品，加入热水即可食用。

方便食品

加热后食用的牛排、火腿、咖喱和面条等。

新鲜食品

补给船有时会送来新鲜水果、蔬菜、面包等食品。

问问 JAXA

太空中也能吃到家乡料理？

长时间在太空中生活的航天员，偶尔也会想念家乡料理的味道！因此，航天食品就诞生了。众多食品加工公司经过努力，制作出了牛奶糖、海苔片、柿种、拉面等约 40 种航天食品。经过 2 年的研究，平时深受大家喜爱的各种食品，航天员们终于也能吃到啦。

红豆饭、野菜粥

往袋子中注入热水，等待30分钟，就能吃到热乎乎的饭和粥啦。

咖喱

最高人气——牛肉咖喱！
和米饭一起加热后食用。

©JAXA/NASA

正在吃航天食品酱油拉面的航天员油井。为了防止汤汁飞溅，汤做成了冻状。

我想吃蛋包饭！
咖喱在航天员中人气超高！小空想吃什么呢？

一人一天的用水量是多少？

＊根据日本国土交通省（2016年）的调查数据显示，地球上人均日用水量约为2升。

实用的高性能净水器

在太阳系中，唯一确认有液态水的星球只有地球。国际空间站（ISS）日常使用的水都是从地球运送来的，是非常珍贵的资源。

2009 年，美国开发的水资源再生系统可以把尿液和空气中的水分子净化为饮用水。日本革新了这一技术，使净水器的体积变为原来的 1/4，而净水效果优化为可以从 1 升尿中净化出 850 毫升的饮用水。这一技术在将来的月球和火星移居计划中不可或缺。

『国际空间站(ISS)式』节水法

什么？

刷牙后把牙膏咽下去！

在国际空间站（ISS）中刷牙不使用水，刷完牙后直接把牙膏咽下去。不习惯的人也可以将其吐在毛巾上。

航天员若田

©JAXA/NASA

震惊

无水洗澡法

在地球上，洗澡每分钟约要使用12升的水。在国际空间站（ISS）中水资源十分珍贵，所以没有洗脸池和浴室。洗头的时候航天员使用不容易起泡的航天专用洗发液，然后用毛巾擦除。洗澡也是一样。

航天员土井

©JAXA/NASA

一起来思考

平日里大家洗澡和刷牙时，有没有忘记关水龙头的现象呢？思考并和家人聊聊，该怎样才能有效地节省水资源吧！

什么？

不洗衣服

航天员在国际空间站（ISS）中工作期间，经常连续很多天穿同一件衣服。他们的衣服由易吸汗、防止细菌滋生的材料制作而成，不用担心健康、卫生方面的问题。地球上的部分运动服也使用了这一技术哦！

航天员金井

©JAXA/NASA

太空中如何发电？

用太阳能发电

平时常见的游戏机和电视等，甚至国际空间站（ISS）和人造卫星都是依靠电力在工作。

太阳能发电是众多发电的方法之一，是利用太阳光的光能发电。这一技术也被应用于国际空间站（ISS）中。太空中没有空气，也没有阴天或雨天，受到的太阳光照射比地球表面上的要强，所以国际空间站（ISS）能够使用太阳能发电。

巨大的能量
太阳光
地球
在屋顶上设置太阳能板的家庭越来越多了。太阳能板能把太阳能转化为电能，驱动家中的电器工作。

国际空间站（ISS）每90分钟绕地球飞行一圈，所以昼夜交替十分频繁。在有太阳照射的白天，用电池储蓄足够的电力，在没有太阳照射的夜晚则使用这些储蓄的电力继续工作。

问问JAXA

这一发电模式能够解决地球的能源问题吗？

现在地球上的发电方式主要是燃烧石油和煤炭。然而，燃烧石油和煤炭产生的CO_2是温室效应的元凶之一。为了保护自然环境，解决地球上的能源问题，“太空太阳能发电系统”被广泛关注。这一系统使用类似于国际空间站（ISS）的发电系统，在太空中使用巨大的太阳能电池，把光能用激光或微波的方式送到地表。不过目前这一技术尚未成熟，还不能实际应用。

太空

国际空间站（ISS）配备了8个长35米、宽12米的太阳能电池阵列，使用太阳能进行发电。为了承受严酷的太空环境，这些电池都是由十分坚硬的材料制作而成的。

电力是通过一种叫作“电子”的粒子的流动来传导的。人阳能电池由只有受到光照才会使电子流动的半导体组成。
2种不同的
半导体

综合

在太空中会发生事故吗？

和太空垃圾相撞！

太空中不光有陨石，还有被废弃的卫星、分离的分级火箭的残部、火箭的碎片等各种各样的人造垃圾。这些都被称为太空垃圾，其数量已经达到了数千万个。

太空垃圾在太空中以每秒8千米的速度飞行，如果与国际空间站（ISS）或人造卫星相撞，会造成严重的事故！

为了帮助国际空间站（ISS）抵御太空垃圾，人们为其设置了铝制的缓冲装置。

危险！

请勿乱扔垃圾！

全都是垃圾！

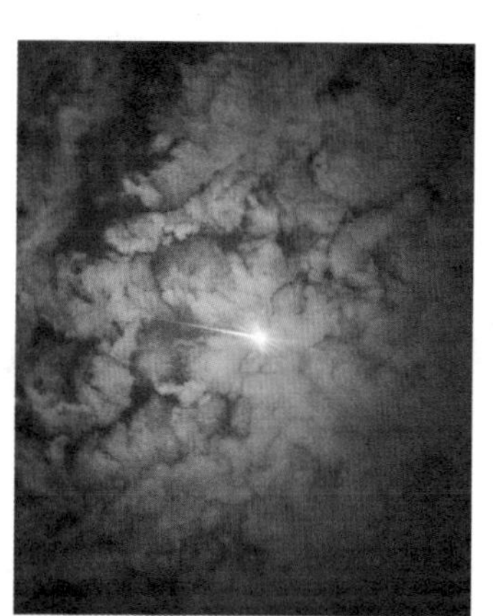

©JAXA/NASA

国际空间站（ISS）产生的垃圾于大气层中燃烧

为了防止与太空垃圾碰撞，最好的办法是不产生垃圾。所以完成运送任务的“鹳号”货运飞船会带着从国际空间站（ISS）中带出的垃圾和废弃物一起燃烧。

“鹳号”货运飞船通过减速的方式让自己落到地球的大气层中，降落过程中，压缩的空气会产生高温并点燃其机体，最终使其烧尽。

燃烧殆尽的“鹳号”货运飞船

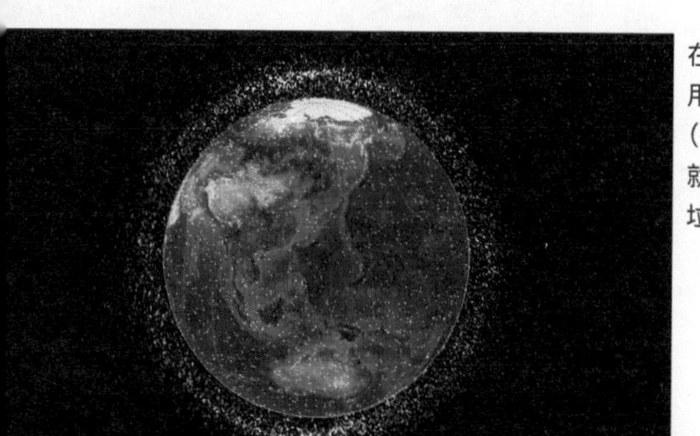

在地球周边有许多大于 10 厘米的太空垃圾，用雷达预测其轨道，就可以让国际空间站（ISS）提前规避，防止与其相撞。

就像我们有垃圾车收走生活垃圾一样，太空垃圾的收集技术也正在研发中。

生活课

生病或受伤怎么办？

保障航天员的健康

航天员们即使以十分健康的状态从地球出发，来到太空后身体状态也可能急转直下。失重状态、密闭空间，在这种环境中生活会对身体造成很大的负担。

航天员们在国际空间站（ISS）中工作时，地球上的医疗团队会对其进行专业的健康管理。为了不生病，航天员们每天吃饭、睡觉及工作的时间都需要严格控制。

并且，为了应对突发事件，每位航天员都接受了急救及心肺复苏等应急处置办法的训练。

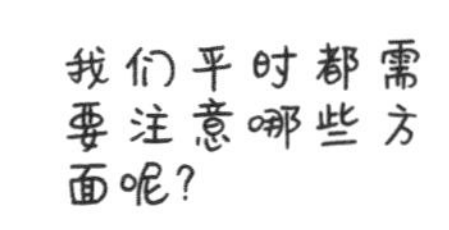

问问JAXA

病毒和细菌在太空中能够存活吗？

航天员在出发前，需要进行大约 1 周的隔离，确认是否感冒、是否被感染。为了确保不将地球上的病毒带入宇宙，这些检查都做得十分细致。

由于至今为止有超过 200 名航天员曾生活在国际空间站（ISS）的舱室中，所以舱内充斥着各种各样的细菌。而细菌是一种非常顽强的生物，部分细菌甚至可以在舱外充满着紫外线和各种辐射的真空环境中存活。

在太空中的身心变化

脸嘭嘭地变圆，腿渐渐变细

来到太空后受到失去重力的影响，平时集中在下半身的体液就会向全身分散，脸会因此肿得圆圆的。因为看起来很像月球，所以也叫“月球脸”。而腿会因此变细。

感受到心理压力

离开地球后，远离朋友和家人，在太空这样危险的环境中工作，在密闭空间中和陌生人相处，等等，这些因素都会导致人逐渐变得不安。这时就需要听听喜欢的音乐、和家人朋友通话，缓解紧张的心情。从窗口眺望太空也是一个不错的放松方式。

太空反应导致不适

在适应失重环境的过程中，人的大脑会变得混乱，有时会产生恶心、头痛的反应。

3~5天左右人体就会逐渐习惯，这些太空反应也会消失。

生活课

想在国际空间站（ISS）交朋友

太空中的交流

大家每天在教室中都是怎样和同学进行交流的呢？国际空间站（ISS）中的空间大约有波音 747 那么大，其中居住着各国的航天员，为了让所有人都能够以愉快的心情工作和生活，互相之间的交流是十分重要的。

一起来思考

为了建立良好的关系，需要怎样的交流方式呢？

交流小达人 你会怎么做？

1 俱乐部中来了新成员 你会怎么做？

- 远远地观望。
- 观察他的优点，夸赞他！

为了实现“宇宙化交流”要怎么做呢？

首先要全面认识这位新成员。虽然他的思考方式和价值观可能和自己并不相同，但是不能轻易否认他。如果发现了他的优点，就直接夸赞他。夸赞可以快速拉近人与人之间的距离。

©JAXA/NASA

在太空执行任务时常伴随着危险。正因如此，航天员们才要互相鼓励、讲讲笑话，以欢快的心情面对接下来的工作。

2 吃饭时间你会怎么做？

- 一个人快速吃完。
- 和周围的人边吃边聊。

为了实现“宇宙化交流”要怎么做呢？

一起吃饭是有效增进感情的方式。边吃边聊会让人觉得面前的饭菜更加美味，而此时的交流也让人与人之间的氛围更为融洽。航天员之间互相邀请一起吃饭是非常常见的事。

互相聊聊自己喜欢做的事或者感兴趣的话题吧！

地球和太空之间可以通信吗？

向远方传递信息

人们平时使用手机打电话、发邮件，是借助了无线电波。电波像波浪一样在空间中扩散并传递信息，这样我们就可以与相隔遥远距离的人通信。

地球和太空之间的通信也依靠无线电波，但是无线电波会被遮挡，所以我们使用电线和中继卫星转接无线电波，以此进行地球和太空之间的信息传递。

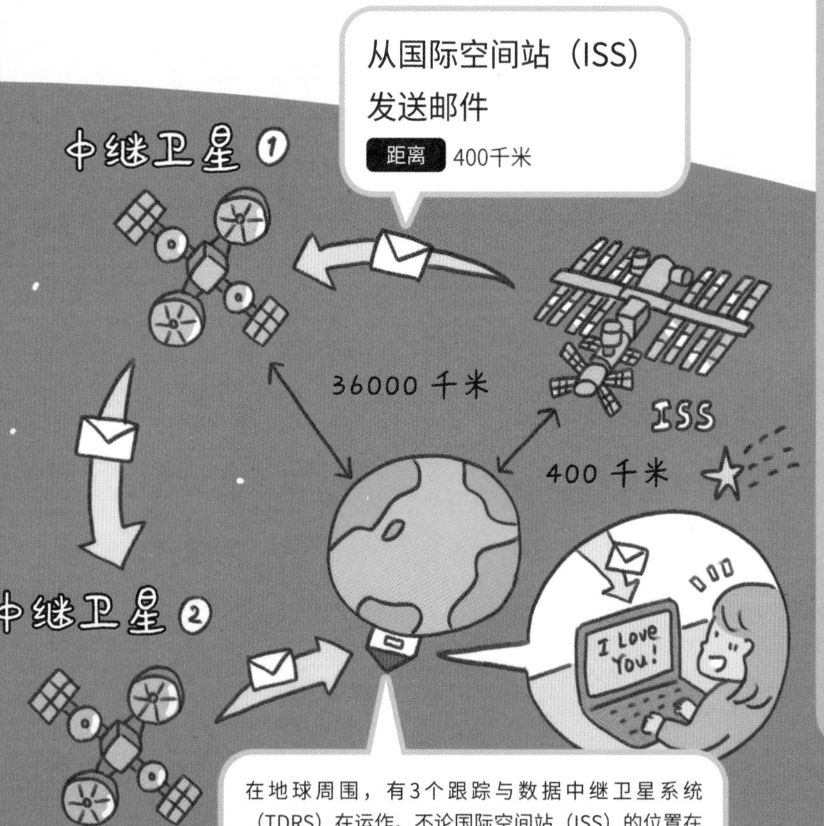

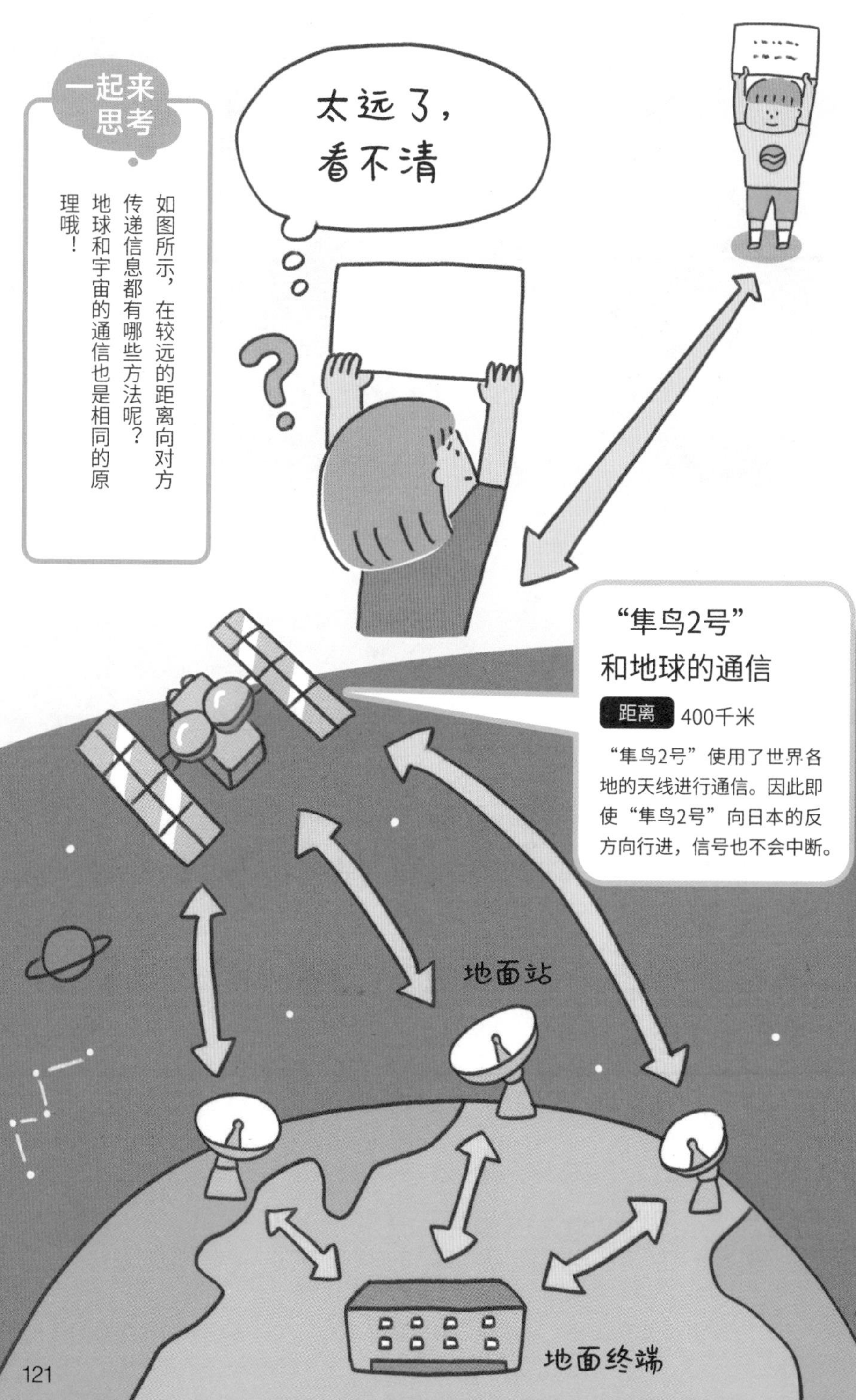
一起来思考
如图所示，在较远的距离向对方传递信息都有哪些方法呢？
地球和宇宙的通信也是相同的原理哦！
太远了，
看不清
“隼鸟2号”
和地球的通信
距离 400千米
“隼鸟2号”使用了世界各地的天线进行通信。因此即使“隼鸟2号”向日本的反方向行进，信号也不会中断。
地面站
地面终端

回到地球时要注意什么？

©JAXA/NASA/Bill Ingalls

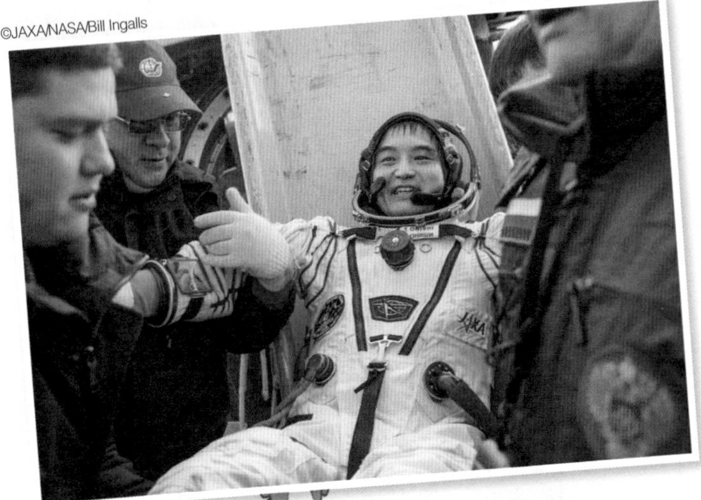

开车通过隧道时，人会产生耳鸣症状。人类的身体很容易受到环境影响。

刚返回地球的航天员无法独自站立

肌肉在失重状态下会变得衰弱，航天员在刚刚返回地球时会感觉身体变得沉重，舌头也会变得不灵活，说话比平时困难。

身体无法立刻适应地球环境

刚刚从太空中回到地球的航天员们，短时间内无法回到正常的生活中。因为长时间生活在几乎感受不到重力的空间中，回到地球上后为了重新适应地球上的重力，找回身体的平衡感，他们需要付出很多努力。

实际上，在失重状态下度过一天，相当于人在地球上连续睡两天的状态。即使航天员们在太空中经常运动，长期的太空生活依旧会使他们的肌肉逐渐弱化。为了回归正常的生活，航天员需要进行连续45天、每天两小时的复健运动。

平衡运动

为了活动沉重的身体所做的运动

用右手触摸左脚脚尖。前进一步，反方向做相同的动作。重复本动作数次。

用左脚站立，弯腰使上半身向前倾斜。

航天员们也会做的复健运动TOP 3

为了让熟悉了太空生活的身体重新熟悉地球上的生活，一起来锻炼吧！

注：别忘了做热身运动哦！

2 越障运动

为了找回平衡感所做的运动

以相同间隔摆放数个障碍物，S形跑过障碍物。

3 躯干运动

伸展并锻炼背部和腹部的肌肉

侧躺，用下方的手臂支撑起上半身，手肘和肩膀呈90度角，用脚的侧面支撑下半身。20秒左右更换一次方向，另一侧也做相同的运动。

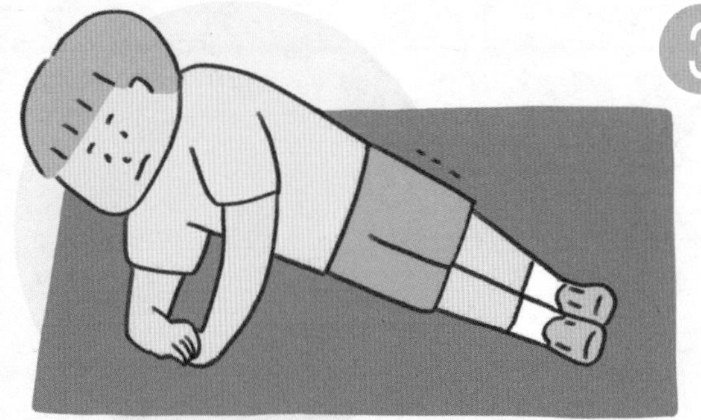

太空中也有法规吗？

在地球上，各国都有自己的法规。如果去其他的国家，也需要遵守当地的法规。那么在太空中又如何呢，太空中也有对应的法规吗？

《外层空间法》是什么？

在太空中行动时需要遵守的一系列法规被称为《外层空间法》。其中，国际上必须遵守的法规用“条约”“原则”“宣言”的形式制定出来。有着“宇宙的法则”之称的“外层空间法”中提到，开放外层空间的探索和利用权给世界上的所有国家，在所有的考察活动中，参与国都应促进并鼓励国际合作。

各国也会有自己的空间法规！

太空活动比较多的国家，会制定相关的法规。

日本在2016年制定了太空活动的相关法规，其中包含发射火箭或人造卫星需要内阁总理大臣的许可、发射时有义务购买发射事故保险等。

今后也需要继续制定太空相关的法规

在国际空间站（ISS）工作的航天员需要遵守由国际空间站（ISS）中的各国共同制定的协议和航天员行为规范。

当大多数人都能到太空中旅行的时代来临时，如果没有制定相关的法规的话，就会产生很多问题。

比如，当太空中发生犯罪行为时，如果没有法规就不能对犯人予以制裁。因此，今后将会需要研究并制定相关法规的专业人员。

●太空法学家（→第139页）

宇宙学院

星期五

FRIDAY

宇宙中还有很多秘密！

让我们来一起解开外星人、黑洞、宇宙的未来的谜题吧！

综合

地球以外还有生命吗？

或许存在于宇宙的某个角落？

我们管地球以外的星球上或太空中存在的生命体叫作地外生命。

虽然至今为止我们都没有发现地外生命，但部分科学家坚信它一定存在。也许在曾经拥有水的火星，就有生命存在。

太阳系外对我们来说依旧是未知的世界，在辽阔宇宙中的某个角落，即使存在着未知的微生物、动物，甚至类人形生物，也不是什么奇怪的事。

地外生命探索计划

宇宙中说不定有拥有智慧的地外生命。

关于它们是否真的存在，很多国家都有相关的探索计划。

计划 1

给外星人发送信息

美国的太阳系行星探测器先驱者10号、11号和探索者1号、2号，在结束了行星的探测任务后，都向着太阳系外出发了，其中装载着给外星人的存有相关人类信息的光碟。

位于美国波多黎各的阿雷西博天文台试着向外星人发送了无线电波。但是部分人认为，外星人有可能并不都怀有善意，从地球向它们发送无线电波或许很危险。

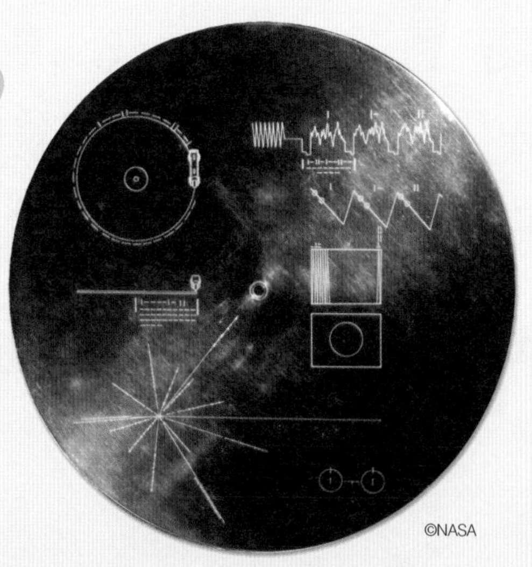

©NASA

计划 2

接收来自外星人的无线电波

阿雷西博天文台使用巨大的射电望远镜，观测在太空中的无数无线电波。至今已经观测了十几年，数次收到了好像有一定含义的信号，但是无法证明是外星人发来的。目前科学家们正在用数百万台计算机，24小时不间断地分析着这些数据。

阿雷西博天文台

©IsaacRuiz

●参见附录8

语文

对太空的无限憧憬

古代的观星记录

一位日本古代诗人藤原定家著有《明月记》一书，书中记载了许多天文现象，为现代的天文学研究做出了很多贡献。

其中有这样一段描写『天喜 2 年 *1，客星出现，其大小如岁星。*2』

所谓客星，指的是平时不常见的星星。后人的研究认为，在此时期曾经出现过超新星爆发现象。

不论是古代人还是现代人，对神秘的太空都有着无限的憧憬。

*1天喜2年：1054年

*2岁星：古代对木星的称呼

古人们对太空的憧憬

就像我们对太空充满着向往一样，古人也对星星、月亮抱有非常特殊的感情。

外星人的传说……

《竹取物语》的秘密

读过以辉夜姬为主人公的《竹取物语》你也许就会明白月亮在古人心中的地位。辉夜姬身为月之都的居民，有着许多普通人难以想象的能力。也许辉夜姬是从月球来的外星人。

想象力超越了现实！

《巡星之歌》

大家听过从“天蝎闪烁着红眼睛”开始的《巡星之歌》吗？这首歌是《银河铁道之夜》的插曲，创作者是宫泽贤治。虽然是用梦幻般的氛围描述了夜空，但实际上也有不合理的描述在其中。

比如，其中有这样一句歌词“在那小熊额顶，正是巡星游天的枢轴。”其中的“枢轴”指的是北极星，然而其实北极星所处的位置并非小熊座的额顶，而是小熊座的尾巴尖儿部分。

从平安时代以来从未改变！

《枕草子》中描述的星星

《枕草子》是平安时代青少纳言所著的随笔，文中有“有谓昴星、彦星、夕星”这样关于星星的描写。“昴星”即昴宿，是金牛座肩部的昴星团（七姐妹星团）的古称。日本从平安时代至今，都称呼它为“昴星”。

似乎还有很多以月亮和星星为主题的书哦！

时间的流速有区别吗？

推论：移速越快，时间的流动就越慢

就像浦岛太郎的故事中『在龙宫中住了几天，回到地面上却发现已经过了几十年』，现实中也有类似的现象。

物理学家爱因斯坦在20世纪初发表了『相对论』学说。其中提到了『光的速度是恒定的』『时间的流速和空间的大小是由其相对速度决定的』等理论。

此后人们根据这一理论，得出了『如果用接近光速的速度移动，那么时间会比静止的人更快，空间尺度也会变小。』的结论。

如果乘坐以无限接近光速的速度飞行的火箭，在太空中经过数日后，地球上就已经过了几十年。

虽然在日常生活中感受不到差异，但如果超高速火箭被成功制造出来，我们以接近光速的速度去太空中旅行几天，回到地球的时候就会发现地球上已经过去了几十年。

几天。

几十年？！

黑洞真的存在吗？

具有强大引力的天体

黑洞是可以吸入一切的天体。虽然理论认为黑洞存在于宇宙的某个角落，但其很长时间内一直未被确认。

直至 2015 年，人类第一次观测到黑洞的引力波。引力波是指致密天体移动时导致时空扭曲产生的涟漪，这种涟漪会以波浪一样的形式向外辐射能量。由于观测到这一引力波，黑洞的存在终于被证实。2019 年，科学家发布了由全球各地的 8 台射电望远镜联合拍摄到的黑洞照片。

大约100年前竟然就有人预言了黑洞的存在?!

相对论（→第 130 页）中提到，数学上预测出了一种拥有连光都无法逃脱的强大引力的天体。那其实是 100 多年前的学者提出的理论。经过天文学家们长期的观测，确实观测到了两个黑洞合体时发出的引力波。

围绕黑洞的三大不可思议的现象

任何物质都会被吸入

黑洞附近能安全接近的边缘被称为“史瓦西半径”。进入半径内侧的话，即使是光也无法逃脱。

长度会被拉长

假设有一枚火箭接近黑洞，那么随着火箭逐渐接近黑洞的中心，火箭会被逐渐拉长。

能看到时间的停止

在有着巨大引力的黑洞中心，时间的流逝会变得缓慢。被黑洞吸入的人向黑洞的外侧看去的话，应该能看到仿佛时间停止了一般的景象。

综合

宇宙今后会怎样变化？

持续膨胀的宇宙

138亿年前，由于大爆炸而急剧膨胀的宇宙空间，此后也持续膨胀着。1998年，根据美国、欧盟国家、澳大利亚的研究组的观测结果，科学家得出了宇宙膨胀的速度远比我们想象中的还要快的结论。

根据这一结论，我们得知有一种能够使宇宙加速膨胀的力，称为暗能量。在不断研究的过程中，暗能量的相关信息依旧成谜。

普通物质是由一类叫作“重子”的粒子家族构成的哦！

问问JAXA

暗物质是什么？

暗物质是理论上提出的可能存在于宇宙中的一种不可见的物质。宇宙中还有一种叫作暗能量的不明物质。暗能量和暗物质加在一起占宇宙总质量的95%以上。

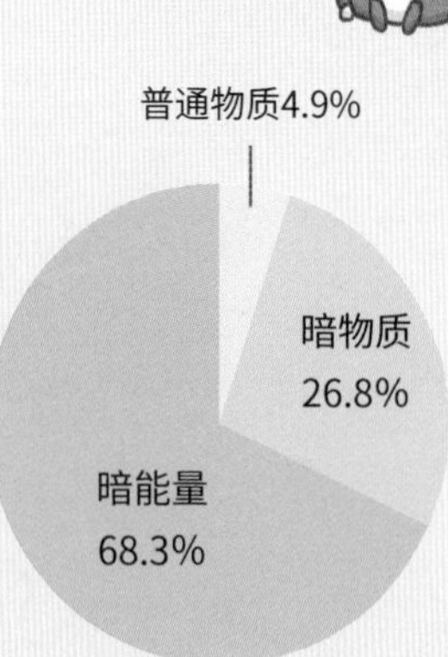

会怎样发展？

宇宙未来的3种可能性

不断扩张的宇宙，今后会变成什么样呢？对此有各种不同的学说，其中最具有代表性的是以下3种。

持续膨胀，永远扩张下去

这一学说认为宇宙会像现在一样不停地膨胀下去。膨胀的速度会逐渐变快，现在看起来很远的银河，未来看起来会更加遥远，直至光无法传递到地球为止。我们所在的银河系也会被孤立起来。

停止膨胀，开始缩小

这一学说认为由大爆炸引发的宇宙膨胀总有一天会结束，此后宇宙会开始逐渐缩小，最后会收缩至大爆炸前的大小，变成一个奇点。这一假设和大爆炸相对，被称为“大坍缩”。

被暗能量控制

这一学说认为在宇宙膨胀的过程中，暗能量的力可能会变得更加巨大，宇宙的膨胀会因此加速，最终所有物质都会被撕裂。这一假设被称为“大撕裂”。

即使如此，这些也只是我们基于现在了解的知识对未来几百亿年后的情况的假设而已。当你长大之后，以那时的研究水平，我们会比现在更加了解宇宙。

特别讲座

向对宇宙相关工作感兴趣的人传达的

来自前辈的寄语

或许大家都认为“和宇宙相关的工作=航天员”，其实并非如此，除航天员以外，还有很多其他的职业与宇宙相关。我们采访了许多从事宇宙相关工作的前辈，听听他们在工作中都面对了怎样的挑战吧！

千叶工业大学 行星探测研究中心

荒井朋子

工作内容 小行星探测等

利用在国际空间站（ISS）中设置的摄像机观测流星群、用探测器进行月球或小行星的探测、研究太阳系的构成等。用探测器对双子座流星雨的故乡——法厄同小行星进行观测，这一计划名为“DESTINY”。

寄 语

计划由各国人员参与，与大家合作并成功完成计划会给人以很大的成就感！我们居住的地球和宇宙中依旧有很多未知的谜团。和宇宙相关的工作有很多种类，寻找你感兴趣并擅长的领域内的工作吧！

JAXA宇宙运送技术部门 宇宙运输安全计划单位

浅村岳

工作内容 安全发射火箭

使用火箭发射卫星。接收从火箭发来的信息，使用电脑分析这些信息并确认火箭能按照计划发射。

寄 语

火箭的发射过程只有短短的几十分钟。虽然准备过程十分辛苦，但是看着自己亲手发射的卫星在太空中运行，令人感到十分自豪。大家也试着结合自己擅长的领域，一起合作做一件事吧。这份力量总有一天会变成像发射一枚火箭一样了不起的力量。

JAXA载人航天技术部门 航天员技术运用单位 航天员健康管理小组

须永彩

工作内容 太空食品开发

开发航天员们平时食用的航天食品。和食品制作公司合作，思考如何为航天员们提供更加安全美味的航天食品。

寄 语

不管在地球还是在太空，吃饭都是生活中不可或缺的一环。航天食品相关的工作，是为了能让航天员们身心健康，从而努力工作。航天食品得到航天员们真心实意的称赞，就是对我们最大的鼓励。请大家珍惜食物、享受食物，想想每天吃的食物都是怎样做成的，这一点十分重要。

JAXA追踪网络技术中心 追踪技术开发小组

宫谷新

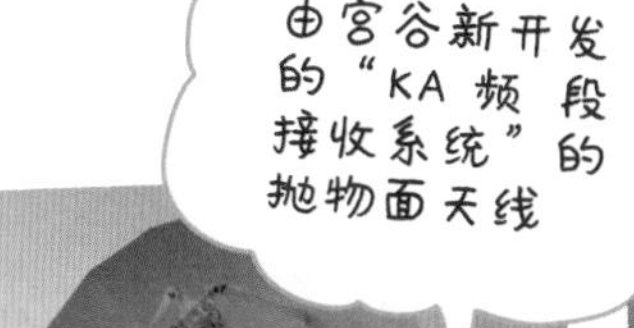

工作内容 抛物面天线的开发及管理

抛物面天线的开发及管理与卫星的活动息息相关。目前正在开发能够一次性接收更多信息的天线。

寄 语

抛物面天线的作用是从地球向卫星发射指令，并从太空中接收信息。大家知道卫星的活动其实是靠抛物面卫星在地面进行支持的吗？宇宙开发是由各种各样的技术和材料共同完成的活动，如果你对宇宙开发感兴趣，请务必了解更多相关信息，在其中找到和你的兴趣相关的领域吧！

日本国立天文台 阿塔卡玛大型毫米波/亚毫米波天线阵（ALMA）计划教育广播员

宫田景子

©ESO/C. Malin

探索宇宙之谜的ALMA望远镜

工作内容 活动策划及情报发表

是位于智利的沙漠（海拔5000米）中的射电望远镜阵列ALMA的教育广播员，负责让更多人了解ALMA的魅力，发表最新的科学成果，并进行一些活动策划。

寄 语

ALMA是包含日本在内22个国家和地区共同合作的国际性项目。该项目的团队由天文学家、工程师、进出口安全管理者、广播员等各种职业的人组成。和宇宙相关的工作有很多，如果你对此感兴趣，就赶紧行动吧！你的每一个选择都关系着你的未来，寻找自己的兴趣，积攒更多的经验和自信，为自己的将来努力吧！

内阁府 宇宙开发战略推进事务局（前国际联合宇宙部）

小岛彩美

工作内容 让太空成为各国的桥梁

宇宙开发战略推进事务局是支援发展中国家开发宇宙的部门，例如，宇宙开发战略推进事务局参与了肯尼亚首次开发的超小型卫星相关计划，将卫星由日本支援送往国际空间站（ISS），并从国际空间站（ISS）直接放入太空。

寄 语

太空拥有着将梦想和希望传递给所有人的力量。去寻找一个自认为比任何人都要热爱的事去做吧！我想要从事这份工作的原点是“想在世界各国交到朋友”，我认为我的交友能力不输给任何人。

我期待着有一天能和你一起从事太空相关的工作哦！

国际会议

Space BD公司 战略计划部

斋藤飒人

目前兴起了向学校或企业提供部分“航天员训练”的企业哦。

工作内容 开创宇宙相关的企业

Space BD是一个开发宇宙相关工作的公司。公司内的工程师与公司外的各行业专家合作，将新的想法化为可能。

寄 语

想要开创一个新的工作类型，要克服许多的困难。我们解决这些难题，消除客人的烦恼，能得到一句“谢谢”对我们来说就足够了！

太空相关工作并不只限于制造火箭、人造卫星等，也需要像我们一样专门从事商业活动的专家。在与太空相关的工作中，不管什么类型的人都能够找到适合自己的工作。

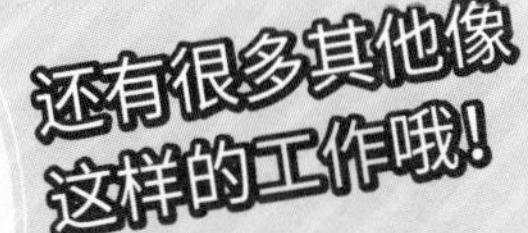

科学传播者

在科学家和一般民众间建立桥梁，就是科学传播者的工作。他们在博物馆或者科技馆、科学教室等地方，向大家展现科学和宇宙的魅力。该工作非常适合喜欢与人交流的人。

太空法学家

在宇宙空间可以以更多方式被人们利用的今天，也产生了很多不得不用法规来解决的相关问题。因此需要有法学家来考虑相关的法规。

空间法（→第124页）

太空险代理人

就像我们为了减少受伤或生病带来的风险购买的保险一样，与宇宙相关的保险也不可或缺。在太空中活动即使产生很小的问题，也经常会导致很大的损失。太空险是针对一些只有太空中才会产生的风险而开发的保险，用风险管理的方式在后方支撑着宇宙开发的行动。

准备好了！
起立
大家都准备好了吗？！
我决定以后要从事探测行星的工作！
目标是火星！
3
嗒嗒嗒嗒嗒嗒嗒嗒嗒
5
从太空拍摄地球的照片！
2
4
1
和哈鲁一起遨游太空。
出发！

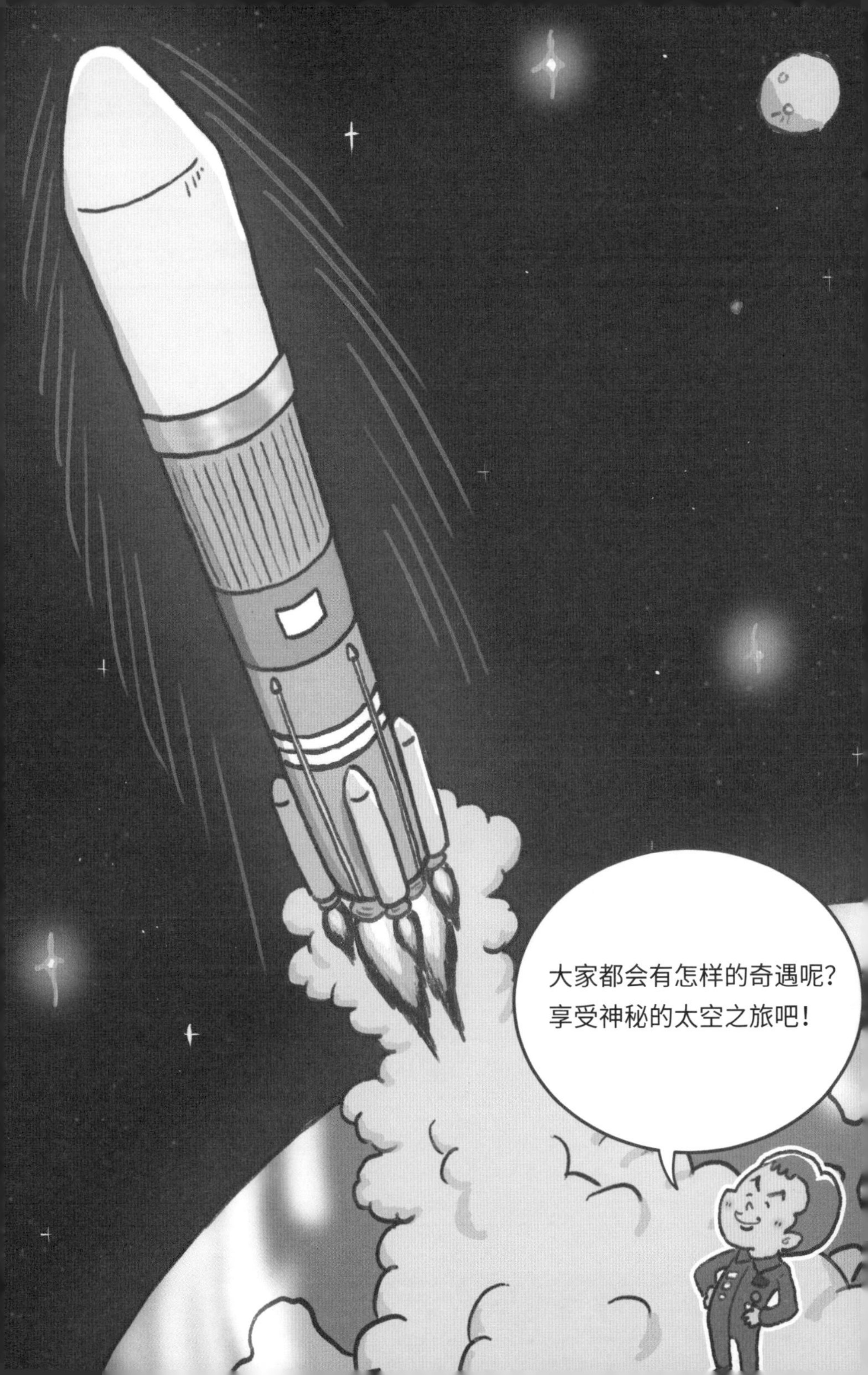
大家都会有怎样的奇遇呢？
享受神秘的太空之旅吧！

以『宇宙』为题材，丰富大家的心灵

我们赖以生存的地球只是庞大宇宙的一小部分。和宇宙的漫长历史相比，人类的历史只是一瞬间。在这段时间中，人们为了后世的传承积蓄着知识和经验，然而宇宙中依旧充满了未知。

“JAXA宇宙教育中心”是为了活用在宇宙的研究开发中获得的知识，并将其与更多的人分享而建立的机构，中心思想是“从宇宙中学习”，目标是以宇宙为题材，激发人们的好奇心、冒险精神、工匠精神，使我们的未来充满更多可能性。为了实现这一目标，作为行动的其中一环，我们创作并出版了本书。

本书描写了去往太空的旅程，是一本通向学习世界的指南。和小空、小光一起，一边感受太空之旅的新奇，一边在知识的海洋中遨游吧。在阅读的过程中，如果有了“想要了解更多”“想要挑战试试”的感觉，可以继续深入了解宇宙的知识，相信这些知识也会对你未来的人生产生帮助。也希望在遥远的未来，你的人生可以变得更加丰富多彩！

本书在发行的过程中得到了来自各行各业的助力，感谢大家对本书的大力支持。

JAXA 宇宙教育中心所长

佐佐木熏

2020 年 7 月

JAXA宇宙教育中心

JAXA宇宙教育中心是JAXA成立的教育部门。其主要工作是利用从宇宙空间活动中获得的知识和成果，为孩子们提供学习服务，以增强孩子们的科学素养，点亮对未来的梦想，引导他们走向更广阔的世界。JAXA宇宙教育中心积极和各方合作，以开展学校教育、社会教育活动，甚至开展国际合作的学习活动等。

超有趣！

宇宙研究秘密手册

向大家介绍用于宇宙研究的实用小妙招！

以“宇宙”为主题一起来研究试试吧！

- 活动中注意不要受伤哦。
- 需要使用的材料，请在活动开始前就准备好，并收拾整齐。
- 确认附近没有危险（火、水池、易燃物等）和宠物。
- 出门观测月亮和星星时，一定要和家人同行。
- 探究过后，要把工具、垃圾等收拾干净哦！

姓名：

研究 1 来制作太空旅行指南吧

像小空和小光一样去太空中旅行的话，你想要做些什么呢？
思考想去的行星和在那里想要做的事，制作太空旅行指南吧！

〔 准备用具 □笔记本 □绘画纸 □文具 □百科图书等资料 〕

研究顺序

决定目的地、行程表和交通方式

首先决定旅行的目的地吧。太阳系的行星也好，行星以外的天体或月亮也好，以国际空间站（ISS）为目的地也不错！
决定好目的地之后，想想要乘坐什么交通工具吧。
还要调查到目的地的距离，计算从地球出发需要多久才能到达哦！

设计一个能够成为旅行亮点的活动

如此难得的旅行，当然得想想要组织什么样的活动啦。
调查目的地的环境，计划去往目的地后的活动吧！
当然了，设计到达目的地前可以举行的活动也可以！设计一个让大家看了就想要参加的充满魅力的活动吧！

做一本旅行指南

决定好旅行计划后，把它整理成一本旅行指南吧。
活用记号笔和彩色铅笔，把计划简单易懂地表示出来。
旅行亮点活动要用亮眼的设计突显出来！
给大家看看你做好的旅行指南，听听大家的意见和感想吧！

研究 2

用陶土模拟制作太阳系

用陶土做手工艺品非常好玩，以宇宙为主题的话，还可以变成一项研究！如果条件不允许，也可以用黏土或者橡皮泥代替。制作前请参考第34~37页的知识点哦！

准备用具　□陶土（黏土或橡皮泥也可以）　□水 □抛光纸　□绘画工具　□剪刀

研究顺序

边思考行星的特征边动手制作

制作太阳系的八大行星。参考第34~37页的知识，制作时要注意突出各大行星的特征哦！

待陶土干燥后，用湿润的陶土再包裹一圈，并再次等待其干燥，重复这个过程，就可以做出8个非常坚固的陶土球。

2 在绘画纸上画出太阳系的轨道

用抛光纸打磨陶土球，然后在绘画纸的中央画上太阳，围绕太阳画好各大行星的轨道。

在轨道上摆放制作完成的陶土行星，陶土太阳系就制作完成了！如果使用黑色的绘画纸做底板，制作的太阳系会更有氛围哦！

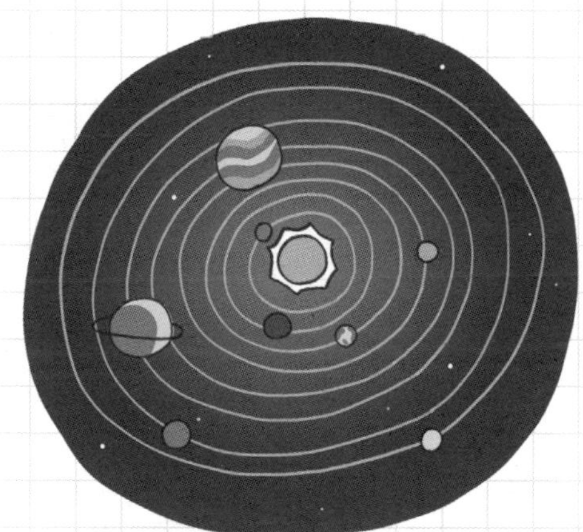

3 想要更加突出特征的话……

用绘画工具在陶土行星上涂色、在底板上为木星和土星画出圆环等，想想还有什么别的办法可以突出行星的特征吧！陶土遇水会变软，所以要尽量使用非水性的绘画工具哦。制作出来的陶土行星如果缩小为原本大小的百亿分之一，大概是如下表所示的尺寸。参考表格并制作吧。

进行研究的时候，要注意选择弄脏了也没关系的场所和服装哦！

百亿分之一尺寸的行星大小　　单位：毫米

行星	水星	金星	地球	火星	木星	土星	天王星	海王星
直径	0.5	1.2	1.2	0.7	14	12	5.1	4.9

研究 3 观察月球的形状变化

月球的形状每天都会改变，在这样的变化中，是否有什么规律呢？
来进行月球形状变化的观察吧，如果对月球的相关知识感兴趣，可以查看第38页哦。

准备用具

□月球形状记录表　□笔记本或便利贴
□文具　□剪刀

研究顺序

1 把月球形状记录表复印下来并进行裁剪

复印月球形状记录表，然后沿虚线裁剪。利用裁剪后的月球部件进行组合，组合出最接近当天的月球的形状。

2 每 2~3 天进行一次观察

每隔几天观察一次，用月球部件组合后记录当天的月球形状。坚持在同一个地点观察，就可以得到月球出现时间的变化、圆缺周期等信息了。

挑战拍摄满月的照片

如果你有相机，可以试着挑战一下拍摄满月的照片！
这里介绍3个能帮助你拍摄月球的小妙招。

事前查询满月的日期

在天文相关软件或月历上事先查询这个月的满月日期，以此确定摄影日。网络上也可以搜到满月日期哦！如果当天的天气不好也可能看不到月球，所以也要记得收看天气预报。

拍摄时不要抖动

在暗处拍照需要大量的光，所以需要更长的曝光时间。这样很容易手抖，所以在拍摄时要紧紧抓住相机，缓慢地按下快门。使用三脚架的话能够极大地减少抖动哦。

相机的性能也很重要

如果你的相机有缩放功能，就可以将画面放至最大进行拍摄。如果另有夜景模式、星空模式、高感应模式等，开启这些模式也能够拍摄出质量更高的照片。

月球形状记录表

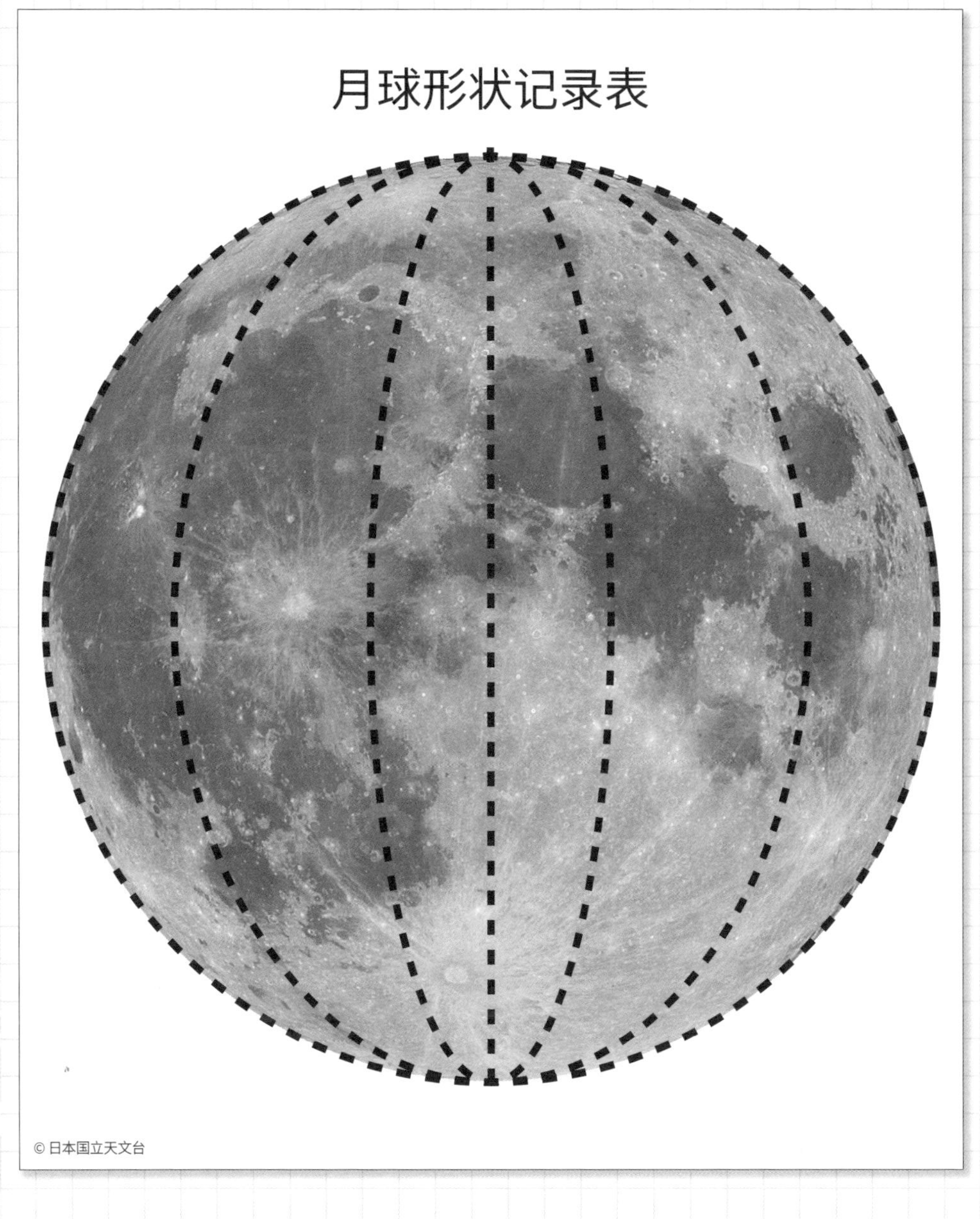

研究 4

来制作凹面镜吧

射电望远镜中用到的凹面镜，其实使用身边的易拉罐就能制作出来。因为需要使用明火，所以一定要在大人的陪同下制作哦。

准备用具
- □易拉罐 □吸管 □A4纸 □剪刀 □火柴
- □研磨剂 □抹布 □装有水的桶

研究顺序

用研磨剂打磨易拉罐的底部

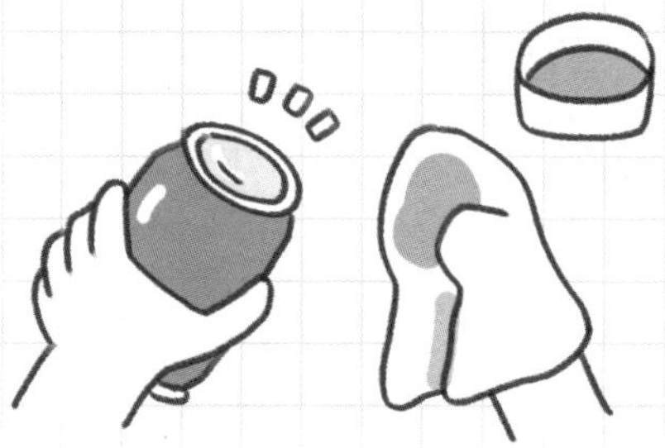

在使用研磨剂的时候注意不要弄到手或者衣服上。为了防止将研磨剂吸入口鼻，可以戴上口罩。

用抹布以研磨剂打磨易拉罐的底部，直至其像镜子一样闪亮。

用 A4 纸制作照准器

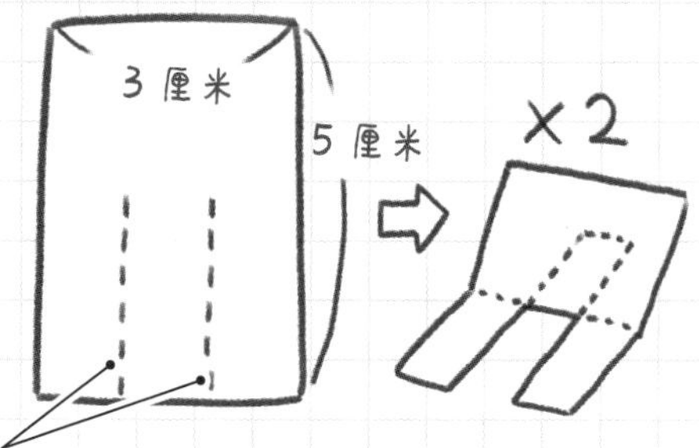

参考上图在A4纸上画好虚线并沿虚线裁剪，制作两个立式照准器。

*照准器：用于瞄准的装置，能够确认太阳的光线是否垂直射入凹面镜。

将吸管剪成3厘米长，立起来沿着虚线剪出一条缝隙，再沿缝隙将其插到其中一个照准器上。

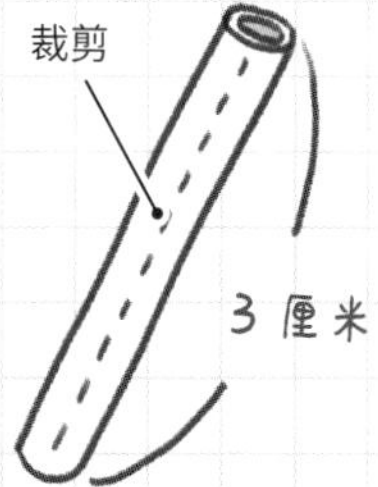

凹面镜是什么?

顾名思义，凹面镜是一种凹面的镜子。凹面镜有着聚集光束的作用，手电筒的反光罩使用的就是这个原理。望远镜也利用了其将很多的光聚集在焦点上的特点。射电望远镜制成右图所示的形状也是这个原因。

3 将照准器贴在易拉罐的侧面

将步骤2制作的照准器*贴在易拉罐的侧面。让插有吸管的照准器上的吸管与易拉罐平行，将另一个照准器垂直于吸管贴在瓶侧。

4 使用凹面镜点燃火柴

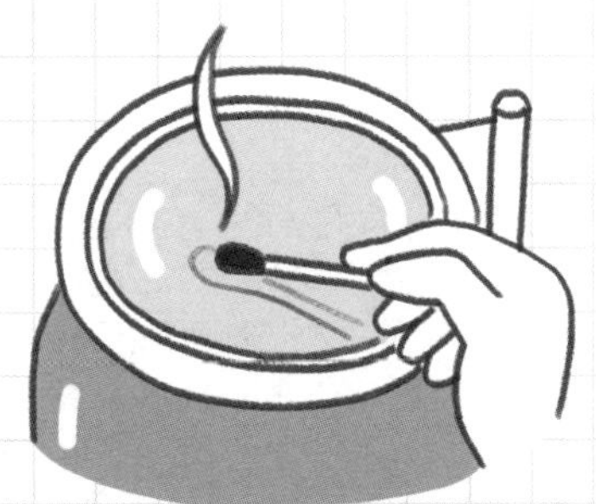

用制作完成的凹面镜聚集太阳光吧。
将易拉罐的底部面向太阳，寻找能让吸管的影子看起来形成一个完美圆环的角度。找准角度之后就可以在易拉罐的底部试着点燃火柴啦。
用完的火柴要浸入装有水的桶中，记得检查火是否已经完全熄灭哦。
火柴请在大人的陪同下使用。

改变条件来进行不同的点火实验吧。
晴天或阴天、室外或玻璃瓶内，甚至使用燃烧后的火柴进行实验，看看不同的条件对点火有什么影响吧。

研究 5

关于三浦折叠的秘密

三浦折叠是一种可以把一张很大的纸折叠成一个小方块，并且能够瞬间展开的折叠法。因为可以防止破损，所以这种技术经常用于折叠地图。
该技术甚至在宇宙探索中也有所应用，是很厉害的技术哦！

准备用具 □行星和探测器地图 □剪刀

三浦折叠是什么？

三浦折叠是1970年由东京大学宇宙航空研究所（现在的JAXA）的三浦公亮教授设计的折叠法。其以锯齿状的平缓折线折叠，可以使被折叠的物品更易展开。1995年发射的“空间飞行器装置”的二次元展开·高电压太阳能阵列实验（右图所示是当时的地表实验）中就使用了三浦折叠，并最终成功在太空中实现了太阳能阵列的开闭。

©ISAS/SFU/ 东芝

研究顺序

1 把行星和探测器地图复印下来并试着折折看

复印后沿着实线把地图剪下来，根据图中的内折线、外折线把地图折起来。折好后的地图看起来像一架手风琴，呈波浪状。

2 思考三浦折叠的原理

捏住图中画★的部分，分别向左右拉开，纸张就能够一口气展开。一边重复折叠、展开的过程，一边思考其中的原理吧。

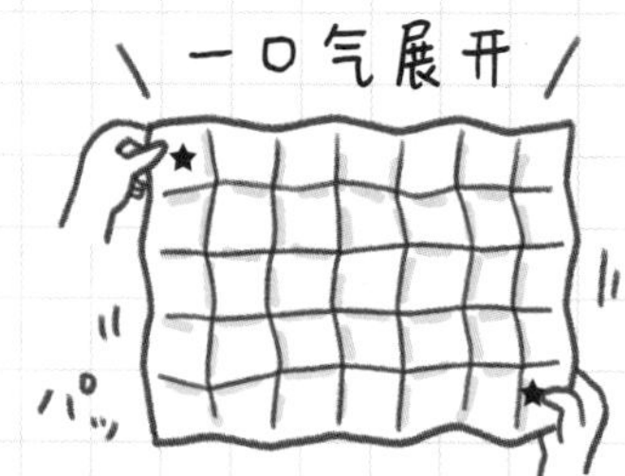

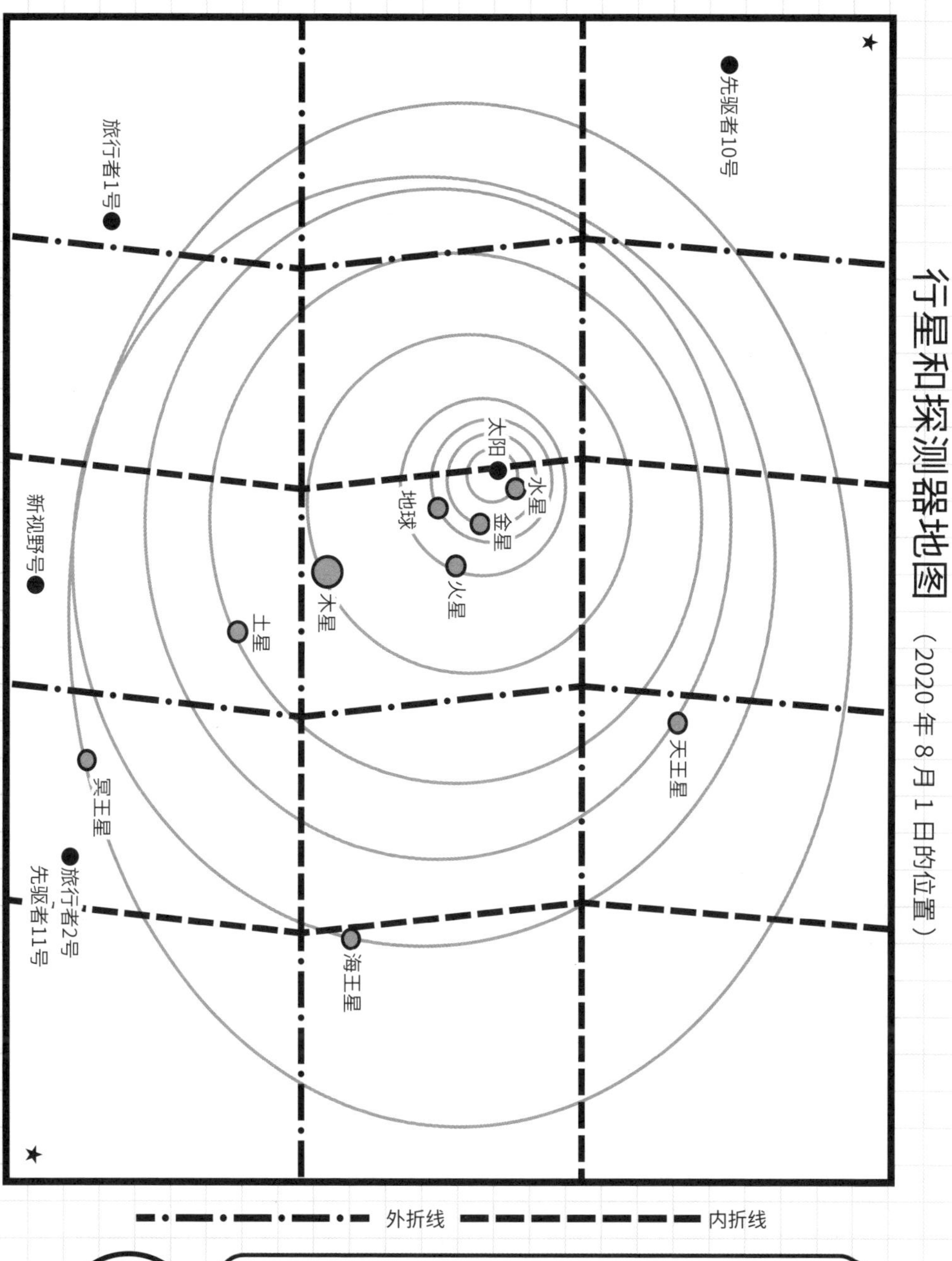

以上是三浦折叠的折法哦，复印本页，沿着黑线剪下地图，上手实际折折看吧。

研究6

用雨伞袋制作火箭吧

用装雨伞的伞袋来制作火箭！自由装饰，制作属于自己的原创火箭吧！火箭的原理参考第44、45页。

准备用具 □雨伞袋 □A4纸 □透明胶带 □塑料胶带 □剪刀 □油性笔

研究顺序

向雨伞袋中充满空气并系紧

向雨伞袋中充满空气后，打一个结把袋口系紧，然后用透明胶带粘住袋口。为了不让袋中的空气泄漏，要紧紧地把它粘好哦！在雨伞袋上用油性笔画上自己喜欢的图案吧！

在箭头位置设置重物

把系紧的袋口作为箭头，如图Ⓐ所示用透明胶带作为重物裹几圈。如果想将另一端作为箭头，则可以按照图Ⓑ的方式先用透明胶带把雨伞袋的尖角粘成圆形。

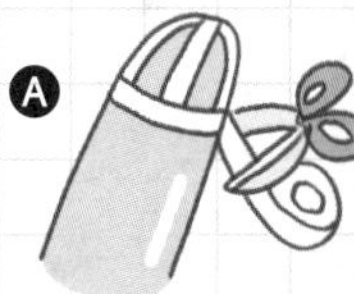

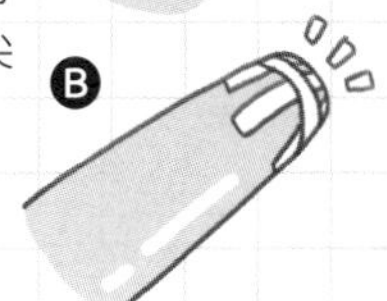

粘贴尾翼

用A4纸制作下图所示的尾翼，并用透明胶带将其贴在箭身上。粘贴的位置和数量依个人喜好而定。

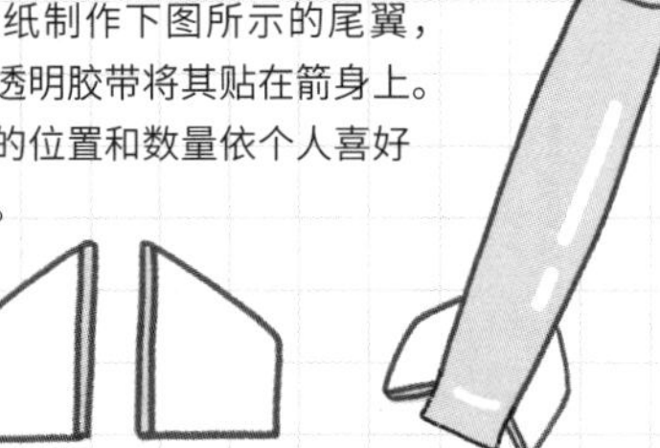

4 思考如何增强火箭的性能

试飞制作完成的火箭，并思考怎样改进才能使自己的火箭飞得更远。可以试着改变尾翼的形状或数量、更换尾翼的粘贴位置、调整箭头的重量等。改进后再次试飞。调整抛出火箭的力道和角度也能让火箭飞得更远哦。

研究 7 设计一条太空中的街道

“如果太空中有一条街道的话……”你有没有这样想象过呢?
参考第104页的内容,设计一条太空中的街道吧!

准备用具

□有关行星环境的参考资料
□笔、尺　□笔记本或绘画纸

研究顺序

确定这条街道所在的行星

设想一下，你想要在什么样的行星上建设这条街道呢？借助参考资料，或者在网络上查阅各大行星的环境，确定喜欢的行星环境后，设计自己喜欢的街道吧。确定建设街道所需的材料是从本星球开采还是从别的星球运输而来，也是很重要的哦。

设计街道中的设施

设计街道中的各大设施，除了学校和医院等生活必需设施以外，还可以有水上设施、绿化设施等。用这些设施丰富你的街道吧。

画一张设计图

确定好街道的具体设计后，在笔记本或绘画纸上画出街道的设计图。除了街道的整体设计图以外，还可以画一些具体设施的设计图。街道中的交通方式和自己的家也要进行设计哦！如果有能力，也可以画一张立体设计图。

设计完成后，可以给家人、朋友看看你设计的街道。听听他们的想法，或许你会得到一些有用的建议哦！

研究 8 制作地外生命

就像第126页中介绍的那样，宇宙中有很多我们还未解开的谜团。或许地球以外真的存在生命呢？用身边可以找到的小道具制作一个你想象中的地外生命吧！

准备用具
□小金属零部件（回形针、螺丝螺母、小铁夹等）
□金属黏合剂　□塑料泡沫　□文具

研究顺序

1 完成想象中的地外生命的具体设定

想象一个你认为有趣的地外生命，然后丰富它的设定：外观、特征、居住的行星、食性等。和朋友讨论也是一个不错的办法。当你觉得设定基本丰满后，就在右页中画出它的概念图吧。

2 用小金属零部件组合出它的样子

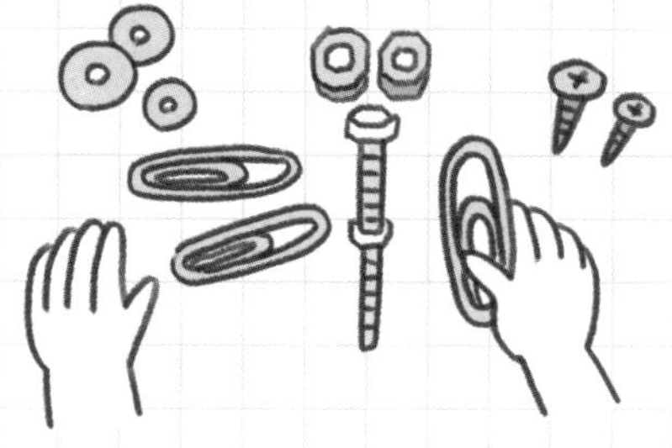

一边看着自己画的概念图，一边用手边的工具把它制作出来吧！用黏合剂把小金属零部件互相黏合，制作一个你的和想象最贴近的地外生命吧。除了金属以外，身边能够找到的其他材料也可以。金属黏合剂需要1小时左右才能黏合成型哦。

使用金属以外的材料也完全可以。和朋友互相展示成品、交流心得吧。可以把制作完成的地外生命固定在塑料泡沫底座上哦。

〔名称〕

〔居住的行星〕 〔身高〕

〔创造该地外生命的理由〕

学习整理笔记

完成研究后，也来学习一下整理笔记的方法吧！

在一页纸上简单地进行叙述

最基础的方法，就是在一页纸上归纳总结所有研究过程和研究结果。重点是要突出主题和小标题，并合理安排图片的位置。

相对于枯燥的长文，用文字更少的文章读起来会更轻松、易懂哦。

养成用日记来记录日常的观测结果的习惯

把每天都要进行的观测用日记的形式记录下来吧。每天使用同样的格式记录观测结果，别忘了记录当天的日期和观测时间哦。

不光是文字，偶尔使用图片的形式进行记录，内容会更加容易理解。

在网络上发布自己的视频吧！

可以试着在各大视频网站上发布自己进行研究的视频。把自己的研究过程和研究结果拍摄成视频进行保存也是一个很不错的记录途径。仅仅依靠图片的话，研究顺序等很难说明，但视频则能够轻松地传达这些信息。

的方法吧！

这样一来
就完美了！

介绍4种常用技巧和其他有趣的小妙招。

为完成的作品拍摄照片并存进相册

研究中可以使用相机把完成的作品和制作过程拍摄下来并存进相册。相册中不光可以保存照片，还可以包含作品的设计图、印象图和设计作品的思路等。

善用万能道具：素描本

素描本是一个非常实用的万能道具，不仅可以在上面贴图片、画插图，还可以用来制作观测报告和海报哦！

当研究结果没法用一页纸写完时，也可以试着用素描本来总结。

制作视频的要点

设定一个主题

首先确定视频的主题。是做一个实验，进行观测，还是制作手工艺品？选择一个你认为最有趣的主题吧。

写一个剧本

思考视频的内容并写出剧本。所谓写剧本，就是把视频中要说的台词和内容大纲写出来。还可以在视频录制开始时简单叙述一下视频的内容。

进行拍摄和剪辑

确定了视频内容后就可以开始拍摄了！摄像机和手机都可以拍摄视频，剪辑软件可以编辑拍摄完成的视频。